Salim Gasmi
Chihab Slimi
Ikram Djareche Boudiar Nachwa

Toxicodependência e alucinogénios

Salim Gasmi
Chihab Slimi
Ikram Djareche Boudiar Nachwa

Toxicodependência e alucinogénios

Impactos e tratamentos

ScienciaScripts

Cover image: www.ingimage.com

This book is a translation from the original published under ISBN 978-620-6-69613-1.

Publisher:
Sciencia Scripts
is a trademark of
Dodo Books Indian Ocean Ltd. and OmniScriptum S.R.L publishing group

120 High Road, East Finchley, London, N2 9ED, United Kingdom
Str. Armeneasca 28/1, office 1, Chisinau MD-2012, Republic of Moldova, Europe
Printed at: see last page
ISBN: 978-620-8-12024-5

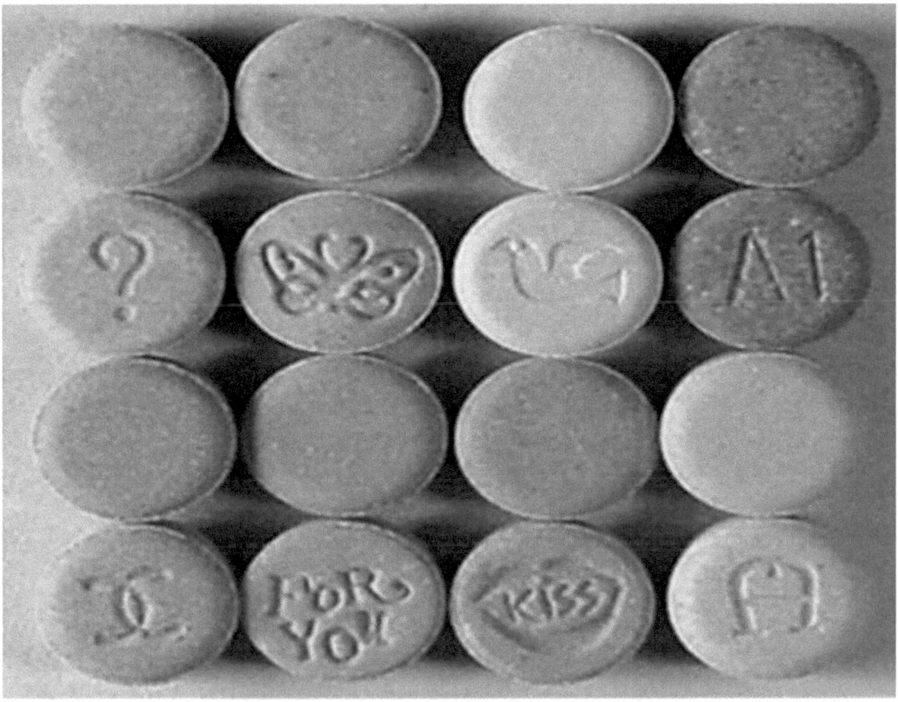

Toxicodependência e alucinogénios

Dr. GASMI Salim

Sr. SLIMI Chiheb

Melle. DJARECHE Ikram

Melle. BOUDIAR Nachwa

Universidade de Tébessa

outubro de 2023

Epígrafe

"A depressão e a toxicodependência são os nomes dados ao incontrolável, quando já não se trata de conquistar a liberdade, mas de se tornar a si próprio e tomar a iniciativa de agir".

Alain EHRENBERG (1998)

Conteúdo

Resumo

O consumo de substâncias psicoactivas a nível mundial continua a ser um grave problema de saúde pública. Nos últimos tempos, tem-se propagado de uma forma invulgar.

A metodologia deste livro baseou-se na recolha de informações na sua fonte, que é uma amostra de consumidores de substâncias psicoactivas (alucinogénios).

O perfil dos doentes caracteriza-se pela sua idade jovem (48%) de jovens adultos [21-25 anos], a predominância do sexo masculino (82%), contra (18%) do sexo feminino. ®®A pregabalina foi a substância mais utilizada (59%), seguida do tramadol (18%). A distribuição dos doentes segundo a dose diária mostra uma taxa elevada de 2 doses por dia (35%), com uma idade de consumo superior a 5 anos, perturbações do sistema nervoso central (33%) e outras perturbações.

A gestão é marcada pela presença de um protocolo de tratamento relativamente bom na enfermaria, apesar da ausência de excelentes condições de tratamento e de testes de drogas.

Palavras-chave: Substâncias psicoactivas, Alucinogénios, Tramadol, Toxicodependência, Tébessa.

Introdução

Desde tempos imemoriais, a humanidade tem sido guiada pela procura do prazer. Nesta procura, o homem tem sido apoiado por numerosas substâncias psicotrópicas, primeiro extraídas da natureza, depois modificadas e/ou sintetizadas **(Alain, 2015).**

A dependência e a procura do prazer supremo afastam os toxicodependentes das suas preocupações quotidianas, negligenciando as consequências sanitárias e sociais do seu consumo compulsivo **(Alain e Grégory, 2019).** O abuso de substâncias é um problema de saúde da sociedade com várias repercussões **(Degenhardt, 2018).**

Este tipo de consumo é particularmente comum entre os adolescentes, durante um importante período de desenvolvimento **(Kandel, 1992).** Além disso, a incapacidade de controlar os efeitos secundários das substâncias psicoativas consumidas pode levar à morte (conceito de overdose) **(Landie, 2015).**

Para algumas pessoas, o consumo de substâncias psicotrópicas assume a forma de escalada, ou seja, a tendência para começar por consumir substâncias mais frequentemente utilizadas (tabaco, álcool, canábis) e passar para substâncias menos frequentemente utilizadas (Lyrica, anfetaminas), algumas das quais requerem métodos de consumo mais invasivos (nasal, injeção) **(Tassel, 2017).** Nos últimos anos, o consumo de droga na Argélia registou uma expansão notável, principalmente devido à fragilidade das infra-estruturas económicas e sociais. Isto é particularmente visível na região de Tébessa, embora esta Wilaya permaneça isolada e longe das fontes de droga. Infelizmente, Tébessa foi afetada pela propagação deste flagelo.

Além disso, a corrupção alastrou, em especial o nepotismo, no seio de muitas estruturas e instituições do Estado, com uma falta de acompanhamento e controlo eficazes. Além disso, a maioria das regiões foi marginalizada em termos de projectos de desenvolvimento. Todos estes factores contribuíram para uma elevada taxa de toxicodependência e de tráfico de droga, para além da localização estratégica da Argélia e das suas extensas e múltiplas fronteiras **(Kaddour, 2015).**

Para tal, o objeto do nosso estudo foi um inquérito sobre o consumo de alucinogénios e o seu impacto nos toxicodependentes (caso da Wilaya de Tébessa), tentando analisar estes números para descobrir as razões do aumento das taxas de consumo, o grupo-alvo e a maioria dos tipos de comprimidos, a prevalência e a percentagem de danos no organismo.

A primeira parte é dedicada à teoria (capítulo 1 sobre a toxicodependência, capítulo 2 sobre os alucinogénios e capítulo 3 sobre o tratamento), e a parte prática inclui os diferentes resultados obtidos e a sua discussão. Terminamos este modesto trabalho com uma conclusão.

Capítulo 01

Toxicodependência

1. Generalidades

O termo toxicodependência provém das palavras gregas "Toxikon" (veneno por flecha), que deu origem a "toxicum" (veneno em latim), e "mania" (loucura). É uma dependência psicológica ou mesmo física de uma ou mais substâncias químicas (psicotrópicos, drogas sintéticas, plantas, solventes) sem necessidade terapêutica **(Djeribi, 2018).**

De acordo com a Sociedade Americana de Medicinada Dependência (ASAM), a dependência é uma doença primária crónica das áreas de recompensa, motivação e memória do cérebro e dos circuitos neurais associados **(Landry *et al.*, 2012).**

A OMS define a toxicodependência como um estado de dependência física e/ou psicológica de uma substância, estabelecido numa pessoa como resultado do seu uso periódico ou contínuo.

Prefere o termo "toxicodependência" a "dependência". De acordo com a Classificação Internacional de Doenças e Problemas Relacionados com a Saúde (CID 10), pode dizer-se que existe dependência quando pelo menos três dos seguintes critérios estão presentes durante um período de um ano e persistiram durante pelo menos um mês ou ocorreram repetidamente:

- Forte desejo de consumir.
- Dificuldade em controlar o consumo.
- Síndrome de abstinência física quando se pára ou reduz o consumo.
- Aumento da tolerância (é necessário aumentar a dose para obter o mesmo efeito).
- Desinvestimento gradual noutras empresas e em obrigações de consumo.
- Utilização continuada apesar das consequências nefastas **(Audrey *et al.*, 2010).**

A toxicodependência é a interação entre o consumidor, a droga psicotrópica e o contexto sociocultural. É um problema biopsicossocial complexo, ligado a componentes físicas, mentais e sociológicas **(Amar *et al.*, 2002).**

2. Classificação

2.1. Farmacológicos

De acordo com **Delay & Deniker (1957)**, existem três grupos de drogas psicotrópicas que podem ou não ser utilizadas como drogas no sentido de dependência.

2.1.1. Psicolépticos ou sedativos

Diminuição da atividade física e mental. Incluem os hipnóticos (barbitúricos), os neurolépticos e os tranquilizantes **(Sandra, 2000).**

2.1.2. Psicoanalépticos ou estimulantes

Excitação das actividades físicas e mentais. Incluem os estimulantes da vigilância (anfetaminas), os estimulantes do humor (antidepressivos ou timoanalépticos) e os psicotónicos (cafeína, teína) **(Audrey *et al.*, 2010).**

2.1.3. Perturbações psicodislépticas ou perturbadoras

Distorção das percepções e alterações das funções mentais. Incluem alucinogénios (LSD), narcóticos e intoxicantes **(Sandra, 2000).**

2.2. Jurídico

Três categorias de drogas distinguem-se pelo facto de serem ou não legais.

2.2.1. Substâncias legais vendidas sob controlo estatal (tabaco/álcool).

2.2.2. Medicamentos *de prescrição* **legal** *desviados do seu uso* terapêutico: tranquilizantes, barbitúricos, anfetaminas, etc. **(Audrey *et al.*, 2010)**

2.2.3. Substâncias ilícitas: designadas por estupefacientes, cuja lista é elaborada por uma comissão interministerial: canábis, heroína, derivados de opiáceos, cocaína e estimulantes psicológicos **(Sandra, 2000).**

3. Polidrogadição

O policonsumo é um conceito com muitas definições diferentes, consoante o estudo consultado. Para alguns, o policonsumo tem uma perspetiva temporal, ou seja, o uso simultâneo de duas ou mais substâncias ou o uso dessas substâncias durante um período prolongado, sem que o uso seja simultâneo. Outros investigadores definem o policonsumo em termos dos efeitos simultâneos que as drogas psicotrópicas podem ter num indivíduo, o que equivale a um estudo dos diferentes tipos de efeitos da utilização simultânea de drogas psicotrópicas **(Amar *et al.*, 2002)**. Por exemplo, se a combinação de certas substâncias aumenta ou diminui o efeito de cada droga, ou se as combinações criam um novo efeito. Por outro lado, outra categorização menos estudada do policonsumo de drogas diz respeito à forma como as drogas psicotrópicas são combinadas e, por conseguinte, policonsumidas **(Ives & Ghelani, 2006).**

	Benzodiazepinas (Kietyl)	**Anfetaminas (Ecstasy)**	**Tramadol**	**Cetamina**	**Pregabalina (Lyrica)**	**LSD**
Heroína	Aumentar os efeitos da moca ou prolongar o efeito da heroína. Risco de coma e de dificuldades respiratórias.	Estes podem ser sinais de uma sobredosagem que pode levar a problemas cardíacos, coma ou mesmo à morte.	Causa dificuldades respiratórias e uma overdose pode levar à morte.	Perda de equilíbrio, perda de consciência e, sobretudo, depressão respiratória.	Depressão Respiratório, Aumentar o risco de morte.	Maior risco de perder o contacto com a realidade, efeito imprevisível.
Cocaína	Aumenta o risco de overdose.	Os riscos de hipertermia, desidratação e problemas cardíacos.	Morte súbita, tensão arterial elevada, palpitações cardíacas, insuficiência respiratória, danos no tecido cerebral.	A coca-cola pode aumentar o ritmo cardíaco, a cetamina pode abrandá-lo ou aumentá-lo, tudo depende.	Ataques cardíacos. Desidrata Inchaço cerebral.	Risco de paragem cardíaca.
Cannabis		Anedonia (incapacidade de sentir emoções positivas), disforia (perturbações do humor) ou depressão.	O risco de perturbações do ritmo cardíaco.	Dificuldades respiratórias.	Depressão respiratória Paragem cardíaca Coma Mortes	Delírio. Comportamento desorganizado. Paranoia. Depressão. Retrocesso.

Quadro 01: Os riscos da mistura de medicamentos (policonsumo) **(Cirriez, 2015; Dufau, 2020; Matthieu *et al.*, 2022).**

4. Fases das perturbações associadas ao consumo de substâncias

As pessoas que se tornam dependentes de substâncias como o álcool ou as drogas passam geralmente por quatro fases. As quatro fases principais são

4.1 Experiências

O abuso de substâncias começa com a experimentação ou o consumo voluntário. Nos adolescentes e jovens adultos, a substância é geralmente comprada e experimentada com amigos, muitas vezes em resposta à pressão dos pares. As pessoas mais velhas podem começar a automedicar-se em resposta a problemas da sua vida pessoal, como a separação, o divórcio, o luto ou a perda de emprego (**Neuraxpharm, 2021**).

4.2 Consumo regular ou de risco

Esta fase caracteriza-se pelo consumo frequente. Não ocorre necessariamente todos os dias, mas a substância pode ser utilizada num padrão previsível (por exemplo, todos os fins-de-semana) ou numa situação previsível (por exemplo, quando se está aborrecido, sozinho, ansioso ou perturbado). Começa a tornar-se arriscado quando cria problemas emocionais, físicos ou sociais **(Neuraxpharm, 2021).**

4.3. Dependência

Na fase de dependência, a pessoa continua a consumir a substância regularmente, apesar dos danos físicos, sociais e emocionais que esta provoca. Eis alguns dos principais sinais de dependência:

- Não assumir responsabilidades.
- Beber ou consumir drogas repetidamente e em situações perigosas.
- Desenvolver tolerância, o que significa tomar mais medicamentos para obter o mesmo efeito.
- Apresentam sintomas de abstinência **(Sandra, 2000; Neuraxpharm, 2021).**

Existem 2 tipos de dependência:

- **Dependência psíquica**: é uma condição em que a droga produz uma sensação de satisfação e um impulso psíquico que requer a administração periódica ou contínua da droga para produzir prazer ou evitar um estado depressivo. Alguns autores chamam-lhe vício **(Sandra, 2000).**
- **Dependência física**: É um estado de adaptação que se manifesta por perturbações intensas quando a droga é interrompida. Os problemas associados à síndrome de abstinência (abstinência) são de natureza psicológica ou física, produzindo efeitos opostos aos inicialmente desenvolvidos pela droga.

(Ciciero & Ellis, 2015).

4.4 Tolerância

A tolerância significa que, com o tempo, é necessário tomar doses cada vez maiores de uma droga para obter os mesmos efeitos. Com o tempo e com a exposição repetida, o organismo torna-se mais capaz de decompor a droga e de a eliminar da corrente sanguínea. Também se torna menos recetivo à presença da droga. De facto, muitos consumidores de longa duração que desenvolveram tolerância não conseguem sentir o efeito agradável ou a sensação de bem-estar da primeira toma **(Sandra, 2000).**

A sobredosagem de drogas descreve a administração de uma droga ou outra substância em quantidade superior à recomendada ou habitualmente consumida **(Landie, 2015).**

Um limiar de tolerância que tenha desaparecido ou sido reduzido, por exemplo, na sequência de uma desintoxicação médica, representa um risco de sobredosagem. Se for consumida a mesma quantidade de droga que antes da desintoxicação (ou seja, enquanto a tolerância estiver reduzida), o organismo não consegue decompor e eliminar a droga tão rapidamente como antes, daí o risco de sobredosagem **(Reis *et al.*, 2015).**

5. Causas da toxicodependência

É sempre difícil saber porque é que alguém consome drogas. As razões para experimentar uma droga não são as mesmas que as razões para continuar a consumi-la, ou mesmo para se tornar dependente dela:

5.1. Factores genéticos

Algumas pessoas podem ser geneticamente mais vulneráveis às propriedades aditivas das drogas. Estudos demonstraram que o risco de desenvolver uma perturbação por abuso de substâncias é maior nas pessoas que têm um familiar próximo com essa perturbação **(Marilyn *et al.*, 2010).**

5.2. Para se divertir e relaxar

Quando uma pessoa consome uma droga, espera experimentar sensações agradáveis e beneficiar com isso. Estes usos recreativos de drogas ou álcool são geralmente ocasionais **(Laurent, 2014).**

5.3. Realização de diferentes experiências

É a procura de sensações e a assunção de riscos que motivam o consumo de drogas. Por exemplo, um adolescente pode consumir uma droga simplesmente para experimentar uma nova sensação. O seu objetivo é ir além do que sentem habitualmente **(Ray, 2017 ; Laurent, 2014).**

5.4. Lidar com os problemas

O objetivo pode ser fugir à realidade. As drogas são utilizadas para entorpecer os pensamentos, os sentimentos, as emoções e o sofrimento. Este uso pode levar à dependência e à deterioração da situação do utilizador **(Laurent, 2014).**

5.5. Para melhorar o desempenho

O desempenho, a boa forma física, a energia e a capacidade de lidar com a pressão dos exames e do trabalho são razões apontadas para o consumo de drogas **(Ray, 2014).**

6. Factores de risco de dependência (toxicodependência)

A toxicodependência tem três componentes: o indivíduo, o produto e o ambiente.

6.1. Factores individuais

A idade, o género, a maturidade cerebral, a personalidade e o humor de um indivíduo desempenham um papel significativo no seu risco individual de dependência **(Laurent, 2017).**

A iniciação precoce e o género masculino constituem vulnerabilidades específicas. Por exemplo, o início do consumo de substâncias psicotrópicas no início da adolescência aumenta em dez vezes o risco de se tornar dependente de substâncias psicotrópicas na idade adulta, em comparação com o início mais tardio, por volta dos 20 anos. As pessoas ansiosas, introvertidas ou depressivas correm um maior risco de dependência **(Pajot *et al.*, 2015; Benyamina, 2017).**

De um ponto de vista neurobiológico, o nível de atividade dos neurotransmissores que regem o nosso funcionamento e comportamento pode variar de um indivíduo para outro, tornando algumas pessoas vulneráveis ao risco de dependência **(Benyamina, 2017).**

As perturbações dos sistemas dopaminérgicos (envolvidos no circuito da recompensa) ou da serotonina (humor), em particular, estão associadas a essa vulnerabilidade **(Laurent, 2014).**

6.2. Produtos/práticas com potencial de dependência variável

No que diz respeito ao produto, a dependência pode instalar-se mais ou menos rapidamente: após uma ou algumas tomas (crack, cocaína...), mais gradualmente, ou mesmo lentamente (medicamentos psicotrópicos...) **(Benyamina, 2017).**

6.3. Factores ambientais

Por fim, a influência do ambiente (stress, contexto social e de amizade, presença de perturbações psicológicas, etc.) é também um fator determinante **(Laurent, 2014).**

7. Sintomas das perturbações associadas ao consumo de substâncias :

Há uma série de sinais e sintomas de perturbações associadas ao consumo de substâncias que são comuns à maioria dos tipos de dependência. Estes incluem:

7.1 Alterações psicológicas

- Mudanças súbitas de humor.
- Aparecimento de um sentimento de ansiedade, medo ou paranoia sem motivo específico.
- Problemas de concentração.
- Baixa autoestima.
- Agravamento de perturbações mentais existentes, como a ansiedade ou a depressão **(Neuraxpharm, 2021).**

7.2. Alterações físicas

- Perda ou aumento súbito de peso.
- Cor de pele invulgar.
- Mau hálito.
- Deterioração geral do aspeto físico **(Ray, 2017).**

7.3. Alterações comportamentais e sociais

- Falta de motivação para fazer o que quer que seja, apatia.
- Alterações nos hábitos alimentares ou de sono.
- Perda de interesse por passatempos e actividades.
- Afastamento dos amigos e da família.
- Negligência das responsabilidades em casa ou no trabalho **(Neuraxpharm, 2021).**

8. Neurobiologia da toxicodependência

8.1. Circuito de recompensa

O circuito de recompensa descreve uma rede de ligações que une dois grupos de neurónios, um localizado na área tegmental ventral e o outro no núcleo accumbens. Este último é uma estrutura emparelhada **(Pajot *et al.*, 2015)**. Existe um no hemisfério esquerdo e outro no hemisfério direito. O circuito de recompensa serve para reforçar alguns dos nossos comportamentos: está envolvido, por exemplo, no comportamento alimentar ou sexual **(Ray, 2017)**.

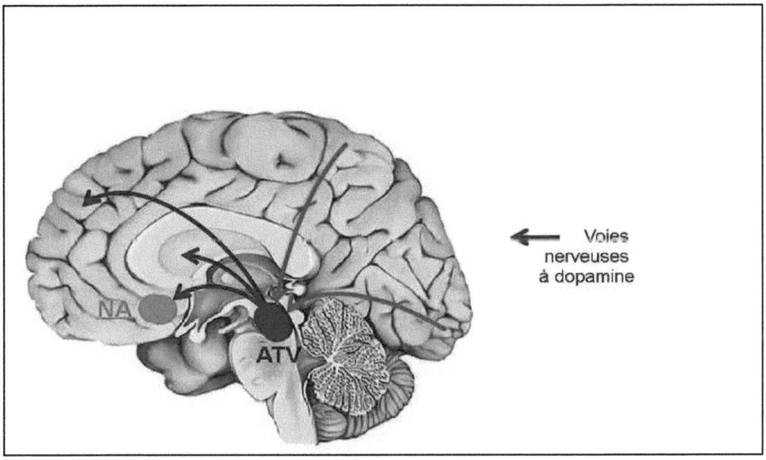

Figura 01: Circuito de recompensa **[sítio Web 01]**.

8.1.1. *Neurónios*

A sinapse é uma área de junção através da qual a mensagem química (neurotransmissor) passa de um neurónio para outro. É uma estrutura particularmente importante, onde o sinal neuronal pode ser reforçado (através de um aumento da libertação de neurotransmissores ou do número de receptores pós-sinápticos) ou diminuído (através de um aumento do número de receptores pré-sinápticos) **(Pajot *et al.*, 2015)**.

8.1.2. Circuito de informação entre dois neurónios

O nosso cérebro segrega quase uma centena de neurotransmissores, como a dopamina e a serotonina. A área de comunicação ou ligação entre dois neurónios é chamada sinapse. O neurotransmissor segregado pelo primeiro neurónio atravessa o espaço entre os dois neurónios e chega ao segundo neurónio, onde se liga a receptores específicos **(Mildeca, 2021)**.

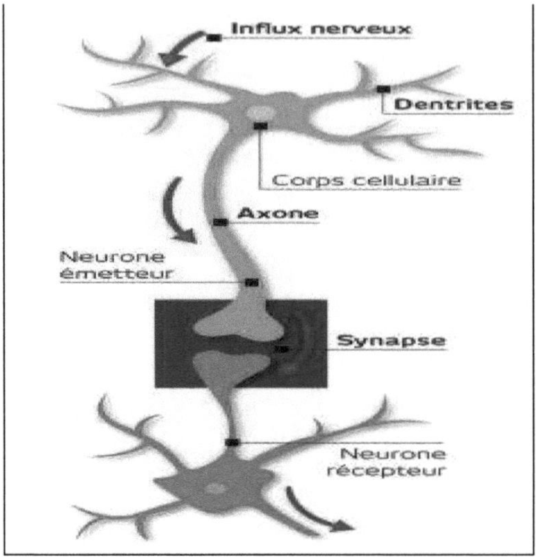

Figura 02: Circuito de informação entre dois neurónios.

8.2. O circuito de recompensa e a dependência

A dependência de uma substância desenvolve-se depois de esta ter sido utilizada várias vezes. Na primeira utilização, as nossas células olfactivas e gustativas descobrem-na, e só após a segunda utilização é que a memória das nossas células entra em ação e a substância é reconhecida. No cérebro, é acionado o circuito de recompensa, no qual certos neurotransmissores como a dopamina, a adrenalina, a serotonina e a acetilcolina desempenham um papel fundamental. Quando ocorre a dependência, o ingrediente ativo da substância liga-se ao seu recetor (um processo natural), que liberta os neurotransmissores **(Dever, 2015)**. O consumo excessivo da substância desequilibra este circuito e o doente vai querer consumir cada vez mais da substância para, sem o saber, libertar cada vez mais neurotransmissores. Quando pára de tomar a substância, aparecem sintomas de abstinência (suores, tremores, etc.). Este desequilíbrio leva-o a querer voltar a tomar a droga, para que não volte a sentir os mesmos desejos quando deixar de a tomar. O prazer de tomar a droga deixa de existir, passando a ser apenas uma fuga ao desejo: é o chamado reforço negativo. O circuito de recompensa está, portanto, no centro da fisiopatologia da nossa dependência **(Devaux, 2022).**

Capítulo 02:

Alucinogénios

1. Generalidades

Os alucinogénios são substâncias químicas que, em doses baixas, provocam alterações da perceção, do pensamento ou do humor, mantendo o estado de alerta, a atenção, a memória e a orientação. Produzem distorções auditivas, visuais e tácteis e alucinações - uma experiência semelhante a um sonho - em indivíduos acordados **(John *et al.*, 2007).**

Um alucinogénio é qualquer substância que provoca alterações da perceção ao ponto de provocar alucinações. Pode, portanto, ser uma substância sintética (alucinogénio sintético) ou uma planta ou cogumelo (alucinogénio natural). O que todos têm em comum é o facto de induzirem um estado alterado de consciência, actuando sobre o sistema nervoso central. Uma overdose de alucinogénios pode ser fatal **(Botrel, 2021).**

2. História

Historicamente, algumas destas substâncias tiveram utilizações rituais ancestrais, algumas das quais sobreviveram até aos nossos dias, nomeadamente através do xamanismo e de certos cultos (Ayahuasca, por exemplo). Os seus usos rituais são variados: culto, curativo, ritual, transe. Foi o aparecimento das grandes religiões monoteístas que esteve na origem do desaparecimento destas utilizações, designadas como incorporando o mal **(Chambon, 2009**).

Apesar das suas origens antigas, a sociedade ocidental moderna só se interessou verdadeiramente por estas substâncias no início do século XX, nomeadamente após a descoberta do LSD e a revolução cultural que se seguiu. Estas substâncias foram então testadas principalmente para fins terapêuticos, nomeadamente durante a psicoterapia. A sua popularidade crescente levou à sua proibição e, atualmente, a maioria destas substâncias é ilegal. Atualmente, nos países ocidentais (Estados Unidos, Suíça, Espanha), a investigação científica e médica está a renascer, tendo numerosos estudos experimentais demonstrado a possibilidade de utilização de certos alucinogénios para fins medicinais **(Chambon, 2009).**

3. Utilização terapêutica dos alucinogénios

Entre 1950 e meados da década de 1960, foram publicados mais de mil artigos científicos em revistas de psiquiatria clínica nos EUA e na Europa, descrevendo o tratamento de quase 40.000 pacientes com substâncias alucinogénias. A partir da leitura da literatura internacional, as diferentes indicações clínicas selecionadas para a utilização de alucinogénios são as seguintes **(Dever, 2015)**:

- Tratamento das perturbações mentais pós-traumáticas.

- ➢ Tratamento da dor e da depressão nos doentes em fim de vida (doentes com cancro, doentes com SIDA, etc.) **(Dever, 2015).**
- ➢ Tratamento das perturbações psicossomáticas e das neuroses obsessivas.
- ➢ Tratamento da depressão.
- ➢ Tratamento das psicoses (a indicação mais controversa, progressivamente abandonada a partir dos anos 60).
- ➢ Tratamento psicolítico em psicoterapia e oniroanálise **(Sueur *et al.*, 2017).**

4. Classificação (Classificação clínica dos alucinogénios)

Os alucinogénios são drogas psicotrópicas descritas como "desreguladores do sistema nervoso central". Os alucinogénios dividem-se em 3 classes:

4.1. Alucinogénios ilusórios

Induzem um estado de delírio, caracterizado por uma confusão extrema e uma incapacidade de controlar as acções. Provocam uma dissociação muito forte da consciência, mas sem imobilidade. Estas substâncias são tóxicas, comportam um risco de morte por overdose e incluem igualmente um certo número de efeitos secundários como a desidratação, a midríase e perturbações do ritmo cardíaco **(Dever, 2015).**

4.2. Alucinogénios dissociativos

Em doses anestésicas, produzem analgesia, amnésia e catalepsia. Em doses subanestésicas, produzem uma sensação de distanciamento do ambiente e uma dissociação entre corpo e mente. A alma separa-se do corpo e o indivíduo tem a impressão de estar a flutuar acima do corpo físico. Os sintomas dissociativos incluem perturbações da memória, da identidade, da estimativa da distância e da perceção **(Fleurentin, 2015).**

Outras experiências de dissociação incluem a incapacidade de se reconhecer no espelho, mantendo a consciência de que a imagem no espelho é a própria pessoa. Estas experiências incluem a cetamina **(Fleurentin, 2015).**

4.3. Alucinogénios psicadélicos

Uma substância psicadélica é uma substância psicoactiva que provoca alterações na cognição e na perceção. O efeito psicadélico é caraterístico desta classe. Entre elas, conta-se o LSD **(Fleurentin, 2015).**

5. Alguns exemplos de alucinogénios

5.1. Cannabis

5.1.1. Definição

A canábis (cannabis sativa) ou cânhamo indiano é uma pequena árvore originária da Ásia. O principal ingrediente químico ativo da cannabis é o THC (delta-9-tetrahidrocanabinol). Dos cerca de 400 ingredientes químicos presentes na planta da canábis, o THC é o que mais afecta o cérebro. Trata-se de uma substância química psicotrópica que provoca uma sensação de euforia (high) nas pessoas que consomem canábis **(Dever, 2015).**

Cannabis em diferentes formas:

- **Marijuana:** folhas, caules e inflorescências, simplesmente secos.
- **Haxixe:** resina comprimida obtida a partir da planta.
- **Óleo:** preparação com uma concentração mais elevada de ingredientes activos, obtida por destilação da resina.

E podem ser consumidas de diferentes formas: A inalação (fumando ou vaporizando) e a ingestão (comendo ou bebendo) são duas formas comuns **(Dever, 2015).**

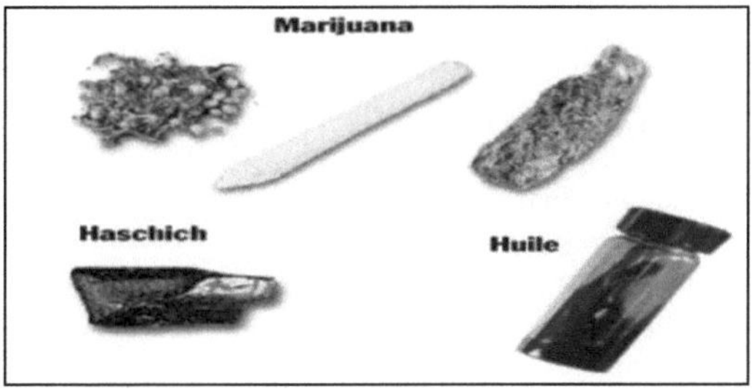

Figura 03: Formas de consumo de canábis **(Clermont *et al.*, 2014).**

5.1.2. Estrutura química

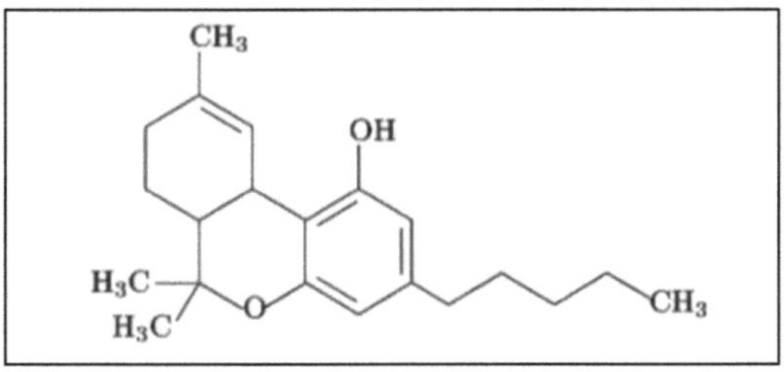

Figura 04: Estrutura química da canábis **(Paczesny, 2014).**

5.1.3. Farmacologia

5.1.3.1. Mecanismo de ação

Ação sobre receptores estereoespecíficos centrais (CB1) ou periféricos (CB2) **(Vincent, 2017).**

5.1.3.2. Cinética

- **Absorção:** Rápida por via pulmonar (2 a 3 minutos), mais lenta por via oral (2 a 4 horas).
- **Distribuição:** Cerca de 90% do THC no sangue é distribuído para o plasma, onde se encontra fortemente ligado às proteínas plasmáticas (97-99%), principalmente às lipoproteínas. O THC penetra rapidamente nos tecidos vascularizados, como o fígado, o coração, o tecido adiposo, os rins, a placenta e a hipófise. A sua concentração plasmática diminui então rapidamente **(Fabritius, 2014).**
- **Metabolismo:** O THC é principalmente metabolizado no fígado.
- **Eliminação:** O THC é excretado, principalmente sob a forma de metabolitos inactivos, nas fezes e, em menor grau, na urina.
    - Primeira semi-vida de eliminação de 8 dias.
    - Segunda meia-vida de eliminação tardia de 2 a 3 meses **(Fabritius, 2014).**

5.1.4 Efeitos da canábis

1. **Riscos associados ao consumo ocasional**

- Perturbações do movimento, tonturas, relaxamento muscular, por vezes sonolência.
- Podem ocorrer alucinações (em caso de ingestão rápida de grandes quantidades de THC, sobretudo com óleo).
- Boca seca, olhos vermelhos, midríase.
- Estimulação da fome após o consumo **(Dever, 2015).**

2. **Riscos associados ao consumo crónico**

- **Quando** fumada, a cannabis apresenta os mesmos riscos **respiratórios** que o tabaco (irritação, provável aumento do risco de cancros respiratórios), sobretudo quando misturada com tabaco. Síndrome canabinóide Dor abdominal crónica, náuseas e vómitos cíclicos (a cada 2-3 meses), frequentemente de manhã **(Dever, 2015).**
- Alterações **cardiovasculares** na frequência cardíaca (taquicardia) e na pressão arterial **(Dever, 2015).**
- **Doenças periodontais (doenças das gengivas) e orais** gengivite (inflamação das gengivas), periodontite (inflamação dos tecidos que rodeiam o dente, levando ao afrouxamento dos dentes e subsequente perda de dentes), estomatite (inflamação da cavidade oral), hiperplasia gengival (aumento das gengivas) **(Dever, 2015).**

O consumo de canábis aumenta o risco de doenças mentais, nomeadamente de esquizofrenia **(Vandendriessche *et al.*, 2010).**

5.2. Cocaína

5.2.1. Definição

A cocaína apresenta-se geralmente sob a forma de um pó fino, branco, cristalino e inodoro. É extraída das folhas do arbusto de coca. Quando snifada, é conhecida como "line coke"; por vezes, é também injectada por via intravenosa ou fumada, principalmente sob a forma de crack (ou base livre) **(De Collective, 2006).**

Figura 05: Cocaína em pó **(DEA, 2017).**

5.2.2. A forma da cocaína

A cocaína apresenta-se principalmente sob duas formas:

- Cloridrato de cocaína: apresenta-se sob a forma de cristais incolores, de um pó cristalino (neve) ou de grãos (rocha), e é administrado por via intravenosa ou, mais frequentemente, por via intranasal.

- A outra forma é o crack, o alcaloide em forma de base obtido por aquecimento do cloridrato de cocaína na presença de bicarbonato de sódio e água; pode também ser fumado misturado com tabaco **(Burnat & Le Brumant, 1992).**

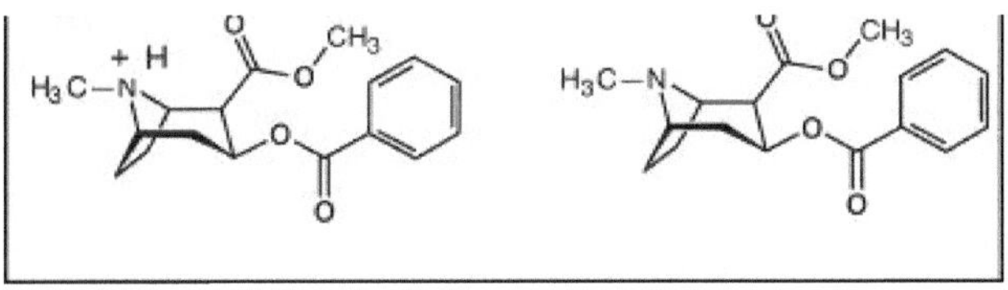

Figura 06: Moléculas de cocaína e crack **(Carl *et al.*, 2014)**

5.2.3. Farmacocinética da cocaína

- Atinge o cérebro em 3 minutos quando tomado por via nasal.

- Por via intravenosa, a cocaína é completamente absorvida e o efeito demora 15 segundos.

➢ Passa através dos alvéolos para a circulação arterial sob a forma de crack fumado e inalado e chega ao cérebro em menos de 8 segundos.

➢ A cocaína difunde-se em todos os tecidos do corpo, atravessando facilmente as barreiras do sangue e do cérebro.

➢ É eliminado por vários processos:

- Principalmente por metabolismo: os metabolitos têm uma elevada proporção na urina e podem ser detectados no sangue e na urina 3 a 4 dias após a toma.
- Inalterado na urina (cocaína).
- Par la bile **(Chaumont, 2018).**

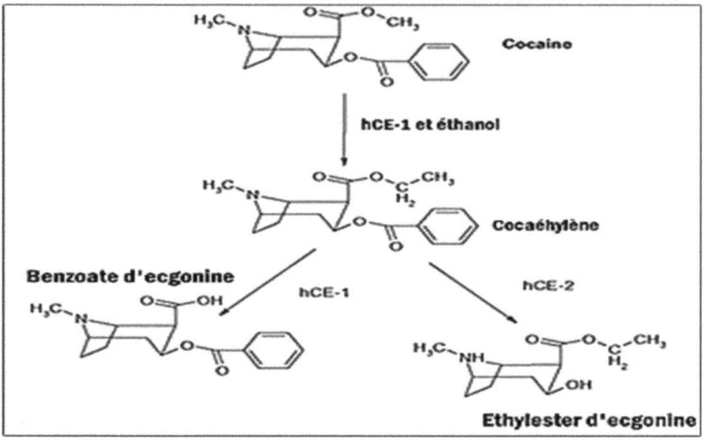

Figura 07: Metabolismo da cocaína **(Bensakhria, 2015).**

5.2.4. Modo de ação

A cocaína bloqueia a recaptação de vários neurotransmissores, principalmente a dopamina e, em menor grau, a serotonina e a noradrenalina. Ativa os neurónios dopaminérgicos em várias regiões do cérebro, nomeadamente no núcleo acumbens, uma estrutura que desempenha um papel importante na regulação das emoções. O papel privilegiado dos neurónios dopaminérgicos na ativação reflexa do circuito da recompensa está hoje claramente estabelecido e está certamente ligado ao desencadeamento do desejo **(Gothuey, 2014).**

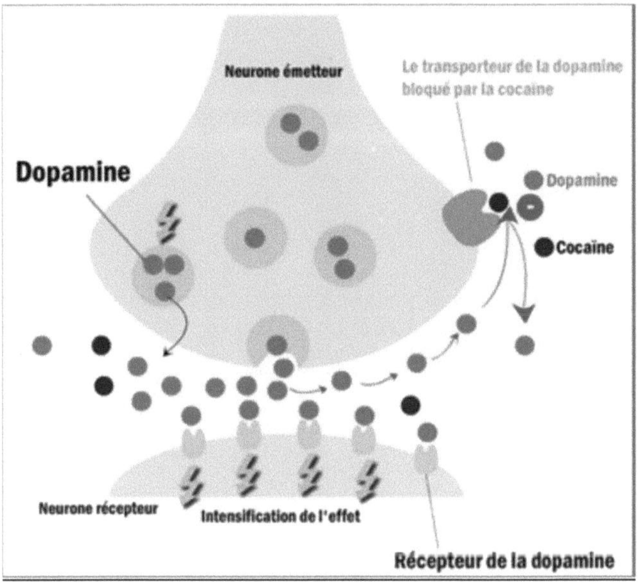

Figura 08: Mecanismo de ação da cocaína **(Bensakhria,2015).**

5.2.5 Efeitos

- **Cardiovasculares:** rabdomiólise aguda, necrose, isquémia, enfarte do miocárdio.
- **Sistema nervoso central:** Hemorragia meníngea, ictus, cefaleias.
- **Sistema respiratório:** Hemorragia pulmonar, dispneia, pneumopatia.
- **Renal:** Insuficiência renal aguda.
- **Hepática:** Infeção hepática (HBC, HCV) **(Gothuey, 2014).**

5.3. Êxtase

5.3.1. Definição

A MDMA (metil-dioximetilanfetamina) é um membro da família das fenetilaminas, tal como a anfetamina. Actua sobre os sistemas dopaminérgicos, o que lhe confere propriedades estimulantes, e circula sob a forma de comprimidos conhecidos como "ecstasy" **(Gandilhon *et al.*, 2016).**

Droga classificada como estupefaciente e cada vez mais utilizada pelos jovens devido aos seus efeitos estimulantes e alucinogénios (**Burnat, 1996**).

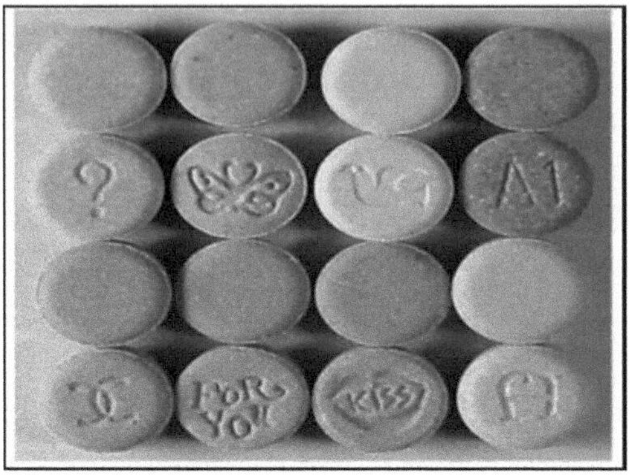

Figura 09: Variedade de comprimidos de ecstasy **(Lapostolle *et al.*, 2021).**

2.3.2. Estrutura química

O ecstasy é um derivado da anfetamina com a fórmula química C11H5N02, pertencente à família das feniletilaminas. O seu nome científico é metilenodioxi-3,4dimetilfeniletilamina ou metilenodioxi-3,4- metanfetamina ou MDMA **(Dussaud, 1998).**

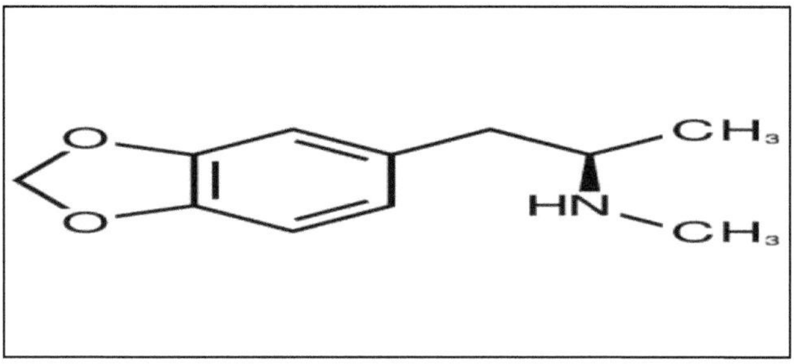

Figura 10: Estrutura química da MDMA **(Dussaud, 1998)**

5.3.3. Farmacologia

5.3.3.1. Mecanismo de ação

A MDMA tem como alvo os neurónios da dopamina e da serotonina. Pensa-se que a MDMA actua bloqueando os transportadores de dopamina e de serotonina responsáveis pela recaptação destes neurotransmissores. O resultado é um aumento imediato, significativo e transitório da dopamina e da serotonina nas fendas sinápticas das sinapses correspondentes e a consequente hiperactivação dos receptores de dopamina e de serotonina no sistema nervoso central e periférico **(Constance, 2002).**

5.3.3.2. Cinética

- O ecstasy é bem **absorvido** pelo trato digestivo. As anfetaminas têm um baixo peso molecular e uma baixa ligação às proteínas, favorecendo uma rápida distribuição nos tecidos. O volume de distribuição é elevado. Os níveis plasmáticos máximos são atingidos no espaço de uma a duas horas.

- **O metabolismo da** MDMA está atualmente bem descrito. A primeira via, que é quantitativamente a mais importante, envolve a abertura do anel metilenodioxi seguida de metilação ou glucuro ou sulfoconjugação. A segunda via envolve a desalquilação para obter o MDA (metileno dioxianfetamina) biologicamente ativo. A desaminação e a oxidação produzem então ácido benzoico e derivados excretados sob a forma de ácido hipúrico após conjugação com glicina. São assim produzidos metabolitos (incluindo quinonas) cuja neurotoxicidade está claramente estabelecida. Outros metabolitos foram identificados como tendo toxicidade hepática, renal e cardíaca **(Lapostolle *et al.*, 2021).**

- As anfetaminas são principalmente excretadas na urina **(Lapostolle *et al.*, 2021)**

5.3.4. Efeitos

- A MDMA provoca midríase (pupilas dilatadas), bruxismo (maxilares cerrados, tremores musculares), náuseas e vómitos e um aumento da tensão arterial. A toma de MDMA pode ser particularmente dura para o corpo (especialmente para o coração, o fígado e os rins). O aumento da temperatura corporal pode provocar insolação e desidratação. Uma overdose pode causar cãibras e alucinações.

- A MDMA pode causar epilepsia.

- O consumo de MDMA é tóxico para o fígado e pode ser particularmente perigoso se tiver problemas cardíacos, asma, epilepsia ou diabetes.

- O consumo excessivo ou frequente pode levar a alterações no sistema da serotonina, que podem resultar em problemas cognitivos ou sintomas depressivos transitórios ou mais persistentes **(addictaide ,2022).**

5.4. Heroína

5.4.1. Definição

A heroína é um opiáceo semi-sintético. A morfina, principal princípio psicoativo do ópio, foi modificada para formar a diacetilmorfina, que se distingue principalmente por ser mais lipossolúvel, o que lhe permite atravessar mais rapidamente a barreira hemato-encefálica. A heroína apresenta-se sob duas formas: um hidrocolúrio (heroína-HCL) utilizado para injeção devido à sua solubilidade em água, e um derivado alcalino (heroína-base) que pode ser vaporizado e, por conseguinte, consumido em cigarros. A heroína possui um certo número de caraterísticas: é um potente analgésico e ansiolítico e possui fortes propriedades antitússicas **(Lebeau, 2002).**

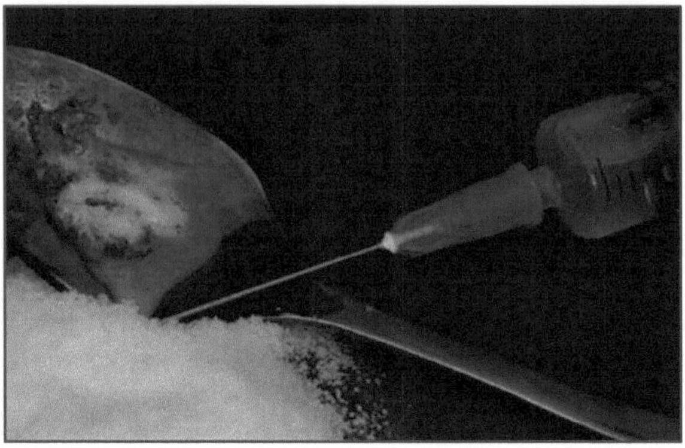

Figura 11: Heroína **(Dominique, 2010).**

5.4.2 Forma

Existem três formas:

- Heroína básica: não é solúvel em água e não pode ser injectada; só pode ser fumada.
- Cloridrato de heroína: ou seja, adição de cloridrato ácido à heroína básica, para injeção.
- Em pó: solúvel em água, é composto por 30-50% de heroína pura, aspirina cafeína e heroína em pó ou (browen-sugar), misturar com sumo de limão ou vinagre para consumir **(Chaumont, 2018)**.

5.4.3 Farmacocinética da heroína

Uma vez no cérebro, é rapidamente hidrolisada em morfina, que é a forma realmente ativa nos receptores **(Denis et al., 1998).**

O metabolismo da heroína, tal como o de outros opiáceos naturais, é rapidamente desacetilado em 6-monoacetilmorfina e depois em morfina. Consequentemente, a heroína tem uma semi-vida plasmática curta de 3 a 10 minutos. Não há vestígios de heroína na urina. O produto final do catabolismo da heroína é a morfina, cuja semi-vida varia de 1,5 a 4 horas. Esta sofre reacções de conjugação que a tornam mais hidrossolúvel, bem como reacções de oxidação que a transformam em codeína. É, por conseguinte, classicamente encontrada na urina **(Denis et al., 1998).**

5.4.4 Mecanismo de ação

A heroína tem uma estrutura molecular semelhante à das endorfinas (dinorfina). Liga-se então aos receptores de endorfina e aumenta a libertação de dopamina, o que resulta num efeito eufórico, calmante e analgésico **(Chaumont, 2018)** .

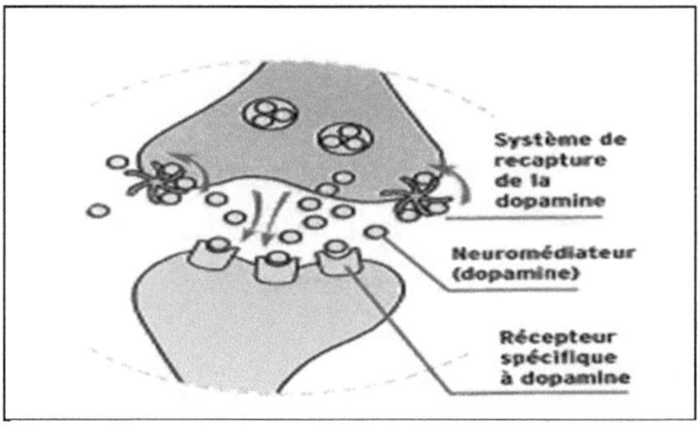

Figura 12: Modo de ação da heroína **(Chaumont, 2018)**

5.4.5. Efeitos do consumo de heroína

- **Efeitos imediatos**

➢ Disforia, náuseas e vómitos e diminuição do apetite.

➢ Provoca uma sensação de calor na pele.

➢ Boca seca e sudação **(Demaret *et al.*, 2013).**

- **Efeitos de acordo com o método de injeção**

➢ Por via intravenosa; o processo de injeção danifica o sistema venoso

➢ A partilha de equipamento provoca doenças como o VIH, a hepatite C e B, o tétano e a tuberculose **(Demaret *et al.*, 2013).**

- **Efeitos a longo prazo**

➢ Um problema de baixa massa óssea e, por vezes, osteoporose.

➢ Um efeito deletério nas células cardíacas **(Demaret *et al.*, 2013).**

5.5. Drogas psicotrópicas

5.5.1. Tramadol

5.5.1.1. Definição

O tramadol é um opióide de curta duração de acçãol, um derivado sintético da codeína. É por vezes descrito como um opióide "fraco" **(Gruffat, 2022).**

É um analgésico muito utilizado no tratamento de doentes com dor **(Devaux,2022).**

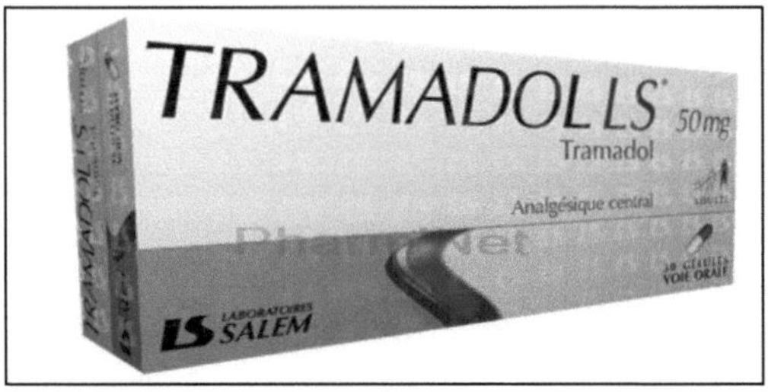

Figura 13: Forma comercial do tramadol na Argélia **(diagnostics.labosalem.dz, 2023).**

5.5.1.2. Estrutura química

O tramadol, com a fórmula empírica C16H25NO2, tem uma estrutura semelhante à da codeína e da morfina (Figura 14). A sua fórmula química é (1RS, 2RS) -2-[(dimetilamino)-metil] -1-(3-metoxifenil)-ciclohexanol **(Cassier, 2014).**

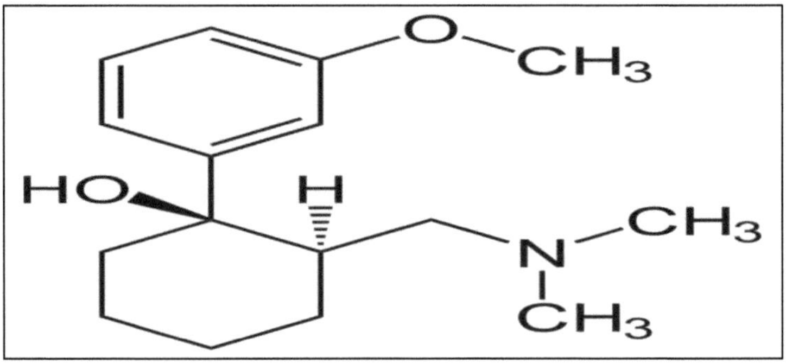

Figura 14: Estrutura química do tramadol **(Cassier, 2014)**

5.5.1.3. Dosagem

Este medicamento contendo 100 mg de tramadol é indicado principalmente para dores fortes. Para as dores menos intensas, recomenda-se um medicamento que contenha 50 mg de tramadol **(Gruffat, 2022).**

- Dor aguda: A dose inicial é de 100 mg (1 comprimido), seguida de 50 a 100 mg de 4 em 4-6 horas, sem exceder 400 mg/24 horas (4 comprimidos).

- Dor crónica: A dose inicial é de 50 ou 100 mg (1 comprimido), seguida de 50 a 100 mg (1 comprimido) a cada 4-6 horas, sem exceder 400 mg/24 horas (4 comprimidos) **(Gruffat, 2022).**

5.5.1.4. Propriedades farmacológicas

5.5.1.4.1. Farmacocinética

Corresponde ao destino do fármaco no organismo e compreende 4 fases:

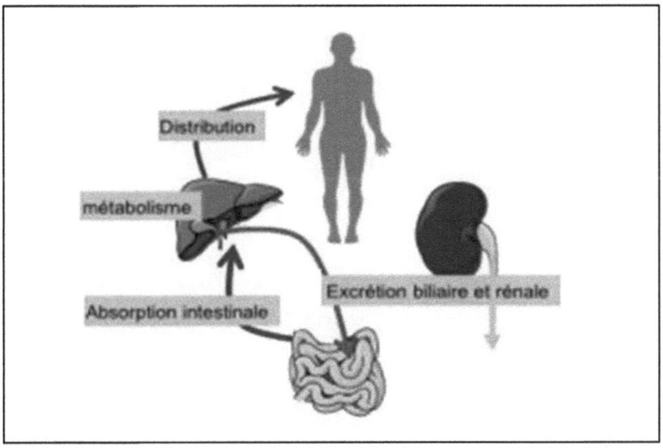

Figura N15: O destino do medicamento em 4 etapas **(Devaux, 2022).**

Absorção

O tramadol é absorvido por via oral com uma biodisponibilidade superior a 90% quando tomado repetidamente de 6 em 6 horas. Para uma administração oral única, a biodisponibilidade situa-se entre 70 e 90%. Os níveis séricos máximos (Tmax) são atingidos em cerca de 2 horas.

Distribuição

O tramadol está pouco ligado às proteínas plasmáticas (20%) e tem um elevado volume de distribuição (3 a 4 litros/kg). Além disso, o tramadol atravessa a placenta e está presente em quantidades muito pequenas no leite materno.

Metabolismo

No caso do tramadol, 90% do medicamento é metabolizado principalmente pelo fígado.

Eliminação

A semi-vida de eliminação do tramadol varia entre 5 e 7 horas. O tramadol é eliminado em 95% pelos rins, sendo o restante eliminado nas fezes **(Devaux, 2022).**

5.5.1.4.2. Farmacodinâmica

O tramadol é um analgésico opióide central de nível II (actua no cérebro e na medula espinal). Contudo, não é um derivado da morfina e tem um mecanismo de ação duplo, resultando numa sinergia de ação em doses terapêuticas:

- Efeito monoaminérgico central que resulta na inibição da recaptação da serotonina e da noradrenalina. É este efeito que actua na dor neuropática.

- Efeito opióide devido à ligação aos receptores opióides do tipo µ. É um agonista parcial e não seletivo dos receptores µ, d e k da morfina, com uma afinidade mais intensa pelos receptores µ **(Devaux, 2022).**

5.5.1.5 Induções

O Tramadol é indicado para o tratamento da dor moderada a grave **(Gruffat, 2022).**

5.5.1.6. Contra-induções

Como todos os medicamentos, o tramadol tem os seus inconvenientes. Estes incluem

- Hipersensibilidade ao tramadol e aos opiáceos.
- Insuficiência respiratória grave.
- Insuficiência hepática grave.
- Epilepsia não controlada por tratamento.
- Amamentação se for necessário um tratamento a longo prazo.
- Intoxicação aguda ou sobredosagem com depressores do SNC e/ou álcool.
- Uma combinação de agonistas/antagonistas da morfina e de IMAO. **(Devaux,2022).**

5.5.1.7 Efeitos indesejáveis

Os efeitos secundários mais frequentes são os da classe dos opiáceos, tais como :

- Náuseas, vómitos.
- Sonolência, dores de cabeça, tonturas, hipersudação, mal-estar,
- Boca seca.
- Prisão de ventre em caso de toma prolongada **(Schaad, 2001).**

5.5.2. Lyrica (Pregabalina)

5.5.2.1. Definição

A pregabalina está aprovada como tratamento adjuvante para convulsões parciais, dor neuropática periférica e central e fibromialgia **(Spigset & Westin, 2013).**

A pregabalina (Lyrica) foi descrita como "um análogo do neurotransmissor ácido γ-aminobutírico (GABA) com efeitos analgésicos, anticonvulsivos e ansiolíticos" **(Tasson *et al.*, 2007).**

Potencial de uso indevido e abuso de BMP, que pode levar à dependência e intoxicação por substâncias (Figura 16) **(Hagg *et al.*, 2020).**

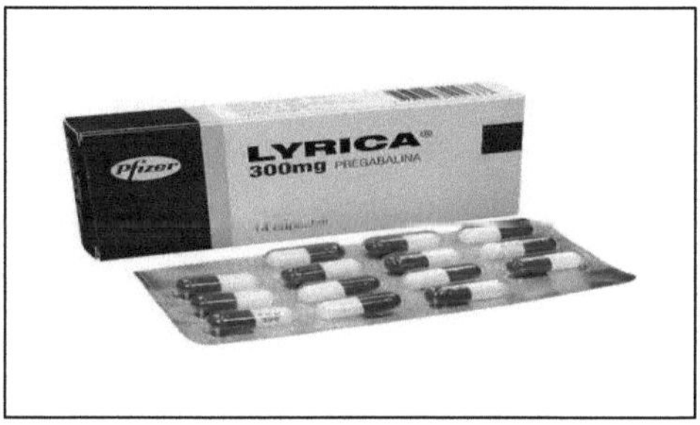

Figura 16: A forma comercial da pregabalina na Argélia **(Ammari *et al.*, 2021).**

5.5.2.3. Estrutura química

A pregabalina é o enantiómero S do ácido 3-aminometil-5-metil-hexanóico (figura 17) **(Dooley *et al.*, 2002).**

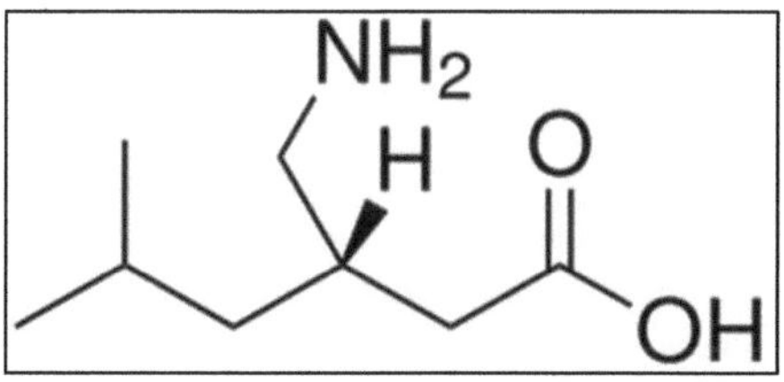

Figura 17: Estrutura química da PGB **(Dooley *et al.*, 2002).**

5.5.2.4. Farmacocinética

Absorção

A pregabalina é rapidamente absorvida após administração oral, com concentrações plasmáticas máximas entre 0,7 e 1,3 horas. A biodisponibilidade oral da pregabalina é de aproximadamente 90% e é independente da dose e da frequência de administração. Os alimentos reduzem a taxa de absorção da pregabalina, resultando em concentrações plasmáticas máximas mais baixas e mais tardias, mas a extensão da absorção do fármaco não é afetada, o que sugere que a pregabalina pode ser administrada independentemente das refeições **(Howard *et al.*, 2013)** .

Distribuição

Distribui-se razoavelmente bem pelo organismo, ligando-se muito pouco às proteínas plasmáticas.

-É capaz de atravessar as barreiras hemato-encefálicas e placentárias e é excretada no leite materno **(Palma e Pancheri, 2007).**

Metabolismo

A pregabalina não é metabolizada no fígado; é eliminada da circulação sistémica principalmente por excreção renal na forma inalterada. A sua depuração é diretamente proporcional à depuração da creatinina e não é afetada pela idade, sexo, raça, menopausa e administração concomitante de outros fármacos antiepilépticos **(Bock brader *et al.*, 2010).**

Eliminação

A semi-vida de eliminação da pregabalina é de aproximadamente 6 horas e o estado estacionário é atingido em 1 a 2 dias após administração repetida. Ajustada à biodisponibilidade oral, a depuração plasmática da pregabalina é essencialmente equivalente à depuração renal, indicando que a pregabalina sofre uma eliminação não renal negligenciável **(Howard *et al.*, 2013).**

A pregabalina tem propriedades farmacocinéticas desejáveis e previsíveis que sugerem facilidade de utilização. Como a pregabalina é eliminada por via renal, a função renal afecta a sua farmacocinética **(Howard *et al.*, 2013).**

5.5.2.5. Farmacodinâmica

Investigação pré-clínica utilizando a autoradiografia do recetor e mutações de substituição **(Li *et al.*, 2011).**

Mostraram que a pregabalina se liga seletivamente às subunidades α2δ dos canais de cálcio dependentes da voltagem, resultando numa diminuição da libertação de neurotransmissores (norepinefrina, glutamato, substância P, péptido relacionado com o gene da calcitonina) e numa redução da excitabilidade pós-sináptica **(Dooley *et al.*, 2003).**

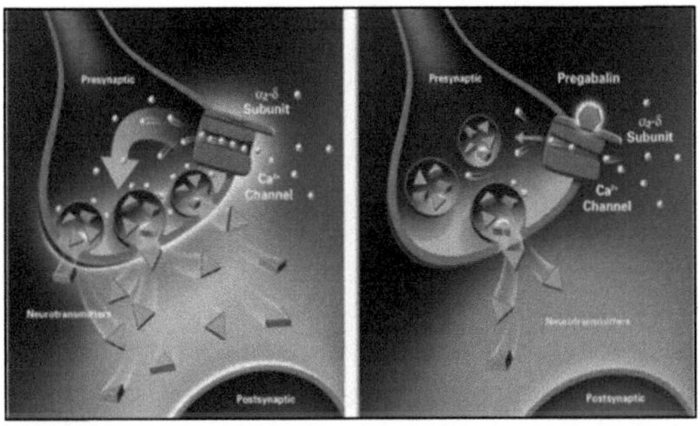

Hiperexcitabilidade neuronal	Modulação neuronal com pregabalina

Figura 18: Mecanismo de ação da pregabalina **(Bian *et al.*, 2006)**.

Os canais de cálcio com potencial são membranas celulares permeáveis aos iões de cálcio, que controlam o potencial de ação de neurónios selectivos **(Bian *et al.*, 2006)**.

O lado esquerdo da imagem ilustra o momento em que os neurónios entram através dos canais de cálcio dependentes da voltagem e activam a libertação de neurotransmissores, permitindo que as vesículas se juntem à membrana celular da fenda sináptica. Ocorre um influxo excessivo de iões de cálcio. O lado direito da imagem ilustra a forte ligação da pregabalina às subunidades alfa2-delta **(Shim, 2011)**.

5.5.2.6. Dosagem

Tabela 02: Dosagem de pregabalina **(Parke-Davis Div of Pfizer Inc., 2004)**.

Cápsulas	25mg	50mg	75mg	100mg	150mg	200mg	225mg	300mg
Solução bebível	20mg/ml							

A dosagem varia de 150 a 600 mg por dia, em duas ou três doses. Dor neuropática, Epilepsia, Perturbação de ansiedade generalizada. O tratamento com pregabalina pode ser iniciado com uma dose de 150 mg por dia, administrada em duas ou três tomas. Consoante a resposta e a tolerância do doente, a dose pode ser aumentada para 300 mg por dia após um intervalo de 3 a 7 dias e, se necessário, para a dose máxima de 600 mg por dia após um novo intervalo de 7 dias **[website 03]**.

5.5.2.7 Indicação

- Dor neuropática. Lyrica é indicado para o tratamento da dor neuropática periférica e central em adultos.

- Epilepsia. Lyrica é indicado em associação em adultos para o tratamento de crises epilépticas parciais com ou sem generalização secundária.

- Perturbação de ansiedade generalizada. O Lyrica é indicado para o tratamento da perturbação de ansiedade generalizada (GAD) em adultos. **Site 04**

5.5.2.8. Contraindicação

- LYRICA está contraindicado em doentes com hipersensibilidade conhecida à pregabalina ou a qualquer um dos seus componentes. Foram notificados casos de reacções de hipersensibilidade, incluindo casos de angioedema **(Parke-Davis Div of Pfizer Inc., 2004)**. A ocorrência de sintomas de angioedema, tais como inchaço facial, perioral ou das vias respiratórias superiores, exige a interrupção imediata da pregabalina.

- A utilização de Lyrica durante o primeiro trimestre de gravidez pode causar malformações congénitas graves no feto.

- O tratamento com pregabalina tem sido associado a tonturas e sonolência, o que pode aumentar o risco de lesões acidentais (quedas) na população idosa. **(Le Figaro Santé., 2004)**.

5.5.2.9. Efeitos indesejáveis

Os principais efeitos secundários neurológicos notificados foram tonturas, vertigens, incoordenação, perturbações do equilíbrio, ataxia, tremor, sonolência, estado confusional, perturbações da atenção, perturbações do pensamento, euforia, astenia e fadiga **(Zaccara *et al.*, 2011)**.

Deficiência visual

Também foram notificados acontecimentos adversos visuais, incluindo perda de visão, visão turva ou outras alterações da acuidade visual, a maioria dos quais transitórios **(Zaccara *et al.*, 2011)**.

Insuficiência cardíaca congestiva

Foram notificados relatórios pós-comercialização de insuficiência cardíaca congestiva em alguns doentes tratados com pregabalina (Lyrica). Estes efeitos são observados principalmente durante o tratamento com pregabalina para a dor neuropática em doentes idosos com função cardiovascular comprometida. A pregabalina deve ser utilizada com precaução nestes doentes. Este efeito adverso pode desaparecer quando a pregabalina é descontinuada **(Hickey e Thomas, 2011)**.

Depressão respiratória

Foram notificados casos de depressão respiratória grave em associação com a utilização de pregabalina. Os doentes com função respiratória comprometida, doença respiratória ou neurológica, insuficiência renal ou que estejam a tomar medicamentos depressores do sistema nervoso central em combinação, em particular opiáceos, bem como os idosos, podem estar em maior risco de desenvolver este efeito secundário grave. Os efeitos secundários foram mais frequentes com o aumento das doses **(Zaccara *et al.*, 2011).**

Capítulo 03:

Tratamentos

1. O objetivo do tratamento da toxicodependência

O tratamento da toxicodependência tem por objetivo ajudar os toxicodependentes a deixarem de procurar e consumir drogas compulsivamente. O tratamento pode ter lugar em vários locais, assumir muitas formas diferentes e durar diferentes períodos de tempo.

Como a toxicodependência é geralmente uma doença crónica caracterizada por recaídas ocasionais, um tratamento único de curto prazo não é geralmente suficiente. Para muitos, o tratamento é um processo a longo prazo que envolve múltiplas intervenções e um acompanhamento regular **(Nora D *et al., 2011*).**

As intervenções no domínio da toxicodependência têm por objetivo reduzir a reincidência através da redução do consumo de droga **(Goyette *et al.*, 2013).**

2. Princípios dos cuidados em matéria de toxicodependência

Para além da abordagem cognitivo-comportamental, as intervenções mais eficazes incluem as comunidades terapêuticas **(Brochu e Plourde, 2012)**, os tratamentos de manutenção sem medicação e a entrevista motivacional **(Holloway *et al.*, 2006).**

2.1. Terapia cognitivo-comportamental

A terapia cognitivo-comportamental (TCC) foi desenvolvida como um método de prevenção da recaída. As estratégias cognitivo-comportamentais baseiam-se na teoria de que, no desenvolvimento de padrões de comportamento desadaptativos, como a toxicodependência, os processos de aprendizagem desempenham um papel essencial. As pessoas que participam na TCC aprendem a identificar e a corrigir os comportamentos problemáticos, aplicando uma série de competências diferentes que podem ser utilizadas para pôr termo à toxicodependência e para resolver uma série de outros problemas que frequentemente a acompanham. **(Caroll *et al.*, 2005).**

A investigação indica que as competências adquiridas pelos indivíduos através de abordagens cognitivo-comportamentais persistem após o fim do tratamento. **(Carroll *et al.*, 2008).**

2.2. Comunidades terapêuticas

As comunidades terapêuticas estão também a revelar-se eficazes para os toxicodependentes.

Esta abordagem é utilizada em particular com pessoas com problemas graves de consumo de substâncias **(Casares-López *et al.*, 2013).**

Os doentes frequentam uma ou duas sessões de aconselhamento por semana, onde se concentram em melhorar as relações familiares, aprender várias competências para minimizar o consumo de drogas, receber aconselhamento profissional e desenvolver novas actividades recreativas e redes sociais **(Perry *et al.*, 2009).**

2.3 Medicamentos

A medicação pode ajudar a controlar os sintomas de abstinência. No entanto, a medicação é apenas o primeiro passo no tratamento.

Podem também ser administrados medicamentos para restabelecer o funcionamento normal do cérebro ou para reduzir a necessidade fisiológica de consumir drogas. A medicação varia consoante as drogas em causa e é administrada sob supervisão no âmbito de um programa de tratamento.

Por exemplo: a metadona, utilizada isoladamente para apoiar os toxicodependentes de opiáceos.

Pensa-se que são eficazes na redução dos problemas de consumo de droga **(Dolan *et al.*, 2005).**

2.4. Entrevista motivacional

Quando aplicada à toxicodependência, a abordagem motivacional visa ajudar o toxicodependente a reconhecer os seus problemas actuais ou potenciais causados pelo consumo de drogas e incentivá-lo a fazer alguma coisa para os resolver. O principal objetivo é aumentar a motivação intrínseca do doente para mudar. A motivação para a mudança é o conjunto de atitudes e disposições comportamentais conducentes à alteração do comportamento de consumo de droga **(Miller *et al.*, 2006).**

Esta abordagem tem como objetivo provocar uma mudança rápida e motivada internamente, em vez de orientar o doente passo a passo através do processo de recuperação. Esta terapia consiste numa avaliação inicial, seguida de duas a quatro sessões de tratamento individual com um terapeuta.

Nas sessões seguintes, o terapeuta monitoriza a mudança, revê as estratégias de abstinência utilizadas e continua a encorajar o empenho na mudança ou na abstinência sustentada.

Por vezes, os doentes são encorajados a trazer uma pessoa importante para as sessões **(Miller *et al.*, 2003).**

Em geral, a EM parece ser mais eficaz para envolver os consumidores de droga no tratamento do que para produzir alterações no consumo de droga **(Baker *et al.*, 2002).**

3. A eficácia do tratamento da toxicodependência

Para além de pôr termo à toxicodependência, o objetivo do tratamento é devolver às pessoas um funcionamento produtivo na família, no local de trabalho e na comunidade. De acordo com a investigação que acompanha as pessoas em tratamento durante longos períodos, a maioria das pessoas que entram e permanecem em tratamento deixam de consumir drogas, reduzem a sua atividade criminosa e melhoram o seu funcionamento profissional, social e psicológico. No entanto, os resultados individuais do tratamento dependem da extensão e da natureza dos problemas do paciente, da adequação do tratamento e dos serviços conexos utilizados para resolver esses problemas e da qualidade da interação entre o paciente e os seus prestadores de cuidados **(Nora D *et al.*, 2011).**

Parte prática

1. Questões

A toxicodependência é um estado de intoxicação periódica ou crónica provocado pelo consumo repetido de alucinogénios (substâncias psicotrópicas ou medicamentos) em doses elevadas, o que acarreta inevitavelmente riscos para a saúde. Isto leva-nos a colocar as seguintes questões:

- Quais são as caraterísticas físicas e sociais dos consumidores de droga na região do Tébessa?
- Quais são as causas deste fenómeno de "toxicodependência" na região?
- Que substâncias são mais frequentemente utilizadas e quais os seus efeitos?
- Quais são os tratamentos mais comuns para a toxicodependência?

2. Objetivo

O objetivo deste trabalho é realizar um estudo epidemiológico da toxicodependência na Wilaya de Tébessa.

- Descubra por que razão o consumo de alucinogénios está a aumentar e quem é a população-alvo da toxicodependência.
- Mostrar os efeitos destas substâncias na saúde dos consumidores de droga.

3. Área de estudo

a. Localização

De acordo com **Abid (2015)**, a Wilaya de Tébessa, localizada no extremo leste do país, cobre uma área de 13.878 km2 e tinha uma população estimada de 800.000 habitantes em 2014, uma densidade média de 58 habitantes por km2. A capital da wilaya, Tébessa, uma antiga cidade romana chamada Theveste, está situada a 40 km da fronteira tunisina.

A wilaya de Tébessa faz fronteira: a norte, com a wilaya de Souk Ahras; a leste, com a Tunísia; a oeste, com as wilayas de Khenchela e Oum El Bouaghi; a sul, com a wilaya de El Oued **(Abid, 2015).**

É constituído por várias zonas geográficas: a norte, as montanhas de Tébessa, que fazem parte da Cordilheira do Atlas, os Altos Planaltos e as Planícies Altas; a sul, o domínio do Sara, constituído por um planalto do Sara **(Abid, 2015).**

A rede rodoviária compreende 565 km de estradas nacionais, 418 km de estradas wilaya e 1200 km de estradas comunais. Em termos económicos, Tébessa tem uma tripla vocação: mineira: exploração das minas de ferro de Ouenza e Boukhadra e das jazidas de fosfatos, tornando-se o primeiro produtor de ferro e de fosfatos do país; agro-pastoril e industrial: instalação de cimenteiras, moinhos de farinha, etc. **(Abid, 2015).**

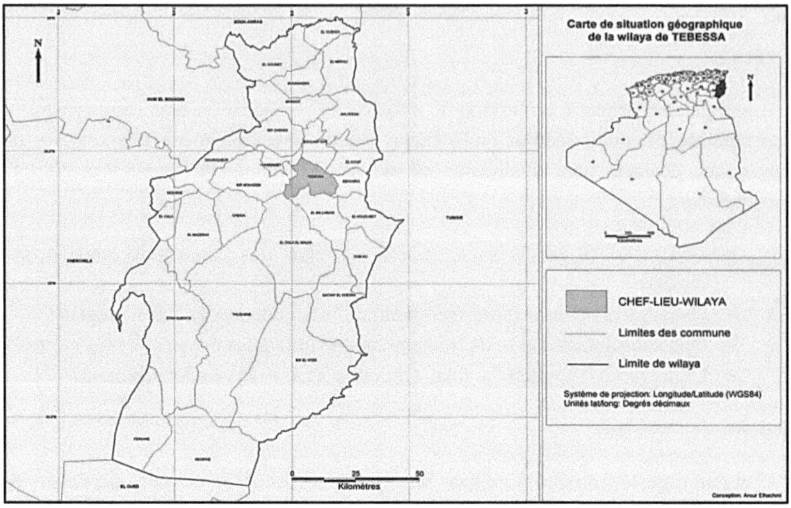

Figura 19: Mapa de Tébessa (comunas e Daïras) **[Website 02]**.

A wilaya de Tébessa tem 12 daïras: 1. Tébessa, 2. El Kouif, 3. Morsott, 4. El Ma Labiodh, 5. El Aouinet, 6. Ouenza, 7. Bir Mokkadem, 8. Bir El-Ater, 9. El Ogla, 10. Oum Ali, 11. Negrine e 12. Cheria **(ANIREF, 2015).**

b. Situação demográfica

A população da wilaya está estimada em 693 671 habitantes, o que corresponde a uma densidade média de 46 habitantes por Km² **(ANIRF, 2015)**.

- População ativa 166.457.
- População 133.400.

4. Metodologia do estudo

4.1. Recolha de dados

As fontes dos dados utilizados para o estudo foram selecionadas aleatoriamente, no Centro Intermédio de Saúde dos Toxicodependentes da Wilaya de Tébessa e fora do centro. É reformulado por um questionário para toxicodependentes sob a forma de papéis e desenvolvido ao longo de uma semana (05 de março de 2023 a 09 de março de 2023).

4.2 Tipo e período de estudo

O nosso estudo de investigação é descritivo, de consulta e recolha de dados durante um período de um mês e meio (07 de março de 2023 a 16 de abril de 2023).

4.3. Localização

Este trabalho foi efectuado no Centro Intermédio de Saúde dos Toxicodependentes (CIST) de Tébessa. O centro, em funcionamento desde 2010, dispõe de 5 gabinetes, 2 salas de espera, um arquivo, um gabinete do chefe de serviço, uma sala de grupos, uma sala de tratamento e um laboratório. O pessoal que trabalha diretamente com os toxicodependentes inclui um médico de clínica geral especializado em toxicodependência, dois psicólogos, quatro enfermeiros e um admirador.

Figura 20: Centro de saúde intermédio para toxicodependentes -Tébessa-.

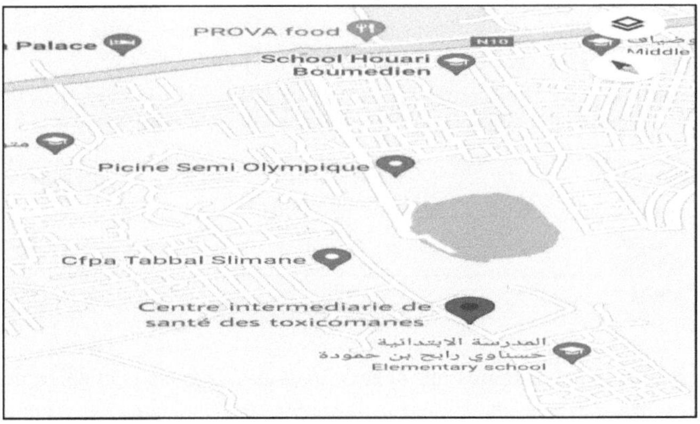

Figura 21: Localização do CIST de Tébessa **(Google maps, 2023).**

4.4. População do estudo

A população estudada foi a dos toxicodependentes. A nossa amostra era constituída por 60 doentes (49 homens e 11 mulheres), todos eles preencheram o questionário **(Anexo 1), com** idades compreendidas entre os 15 e os 35 anos, e com níveis de escolaridade entre o ensino básico, secundário e universitário.

4.5. Variável de estudo

Os parâmetros epidemiológicos analisados neste estudo são :

- Idade.
- Sexo.
- Situação profissional.
- Situação familiar.
- Substâncias consumidas.

4.6. Tratamento e análise dos dados

Os dados foram processados num computador utilizando o software Microsoft Excel 2016 para as tabelas e análises estatísticas. Os resultados foram compilados e apresentados sob a forma de histogramas.

5. Resultados e discussões

Com base nas informações recolhidas, foi efectuada uma análise estatística descritiva e analítica. Os resultados foram os seguintes:

5.1. Caraterísticas pessoais dos doentes

5.1.1. Repartição dos consumidores de droga por sexo

O gráfico (22) e a tabela (03) mostram a repetição da toxicodependência por sexo. De acordo com os resultados, os homens são mais afectados pela toxicodependência, representados por 49 casos, ou 82%, e as mulheres por 11 casos, ou 18%.

Quadro 03: Repartição dos consumidores de droga por sexo.

Género	Número de toxicodependentes	Percentagem
Masculino	49	82
Feminino	11	18
Total	60	100

Para o efeito, concluímos que o sexo masculino é mais dominante do que o sexo feminino e obtivemos este resultado porque os homens responderam mais do que as mulheres ao nosso questionário.

Quase todos os doentes eram do sexo masculino, ou seja, 57 homens (71%) e 23 mulheres (29%). Estes dados corroboram o trabalho de **Nedjari (2009),** que registou taxas de prevalência mais elevadas na Argélia, da ordem dos 94% de homens e 6% de mulheres. Da mesma forma, **Azzeddine (2012)** encontrou uma taxa de prevalência de 97,5% de homens e 2,5% de mulheres na Argélia. Noutro estudo, **Ghomari e Oussahla (2019)** registaram uma taxa de prevalência entre os condutores profissionais de 99,5% para os homens e 0,5% para as mulheres.

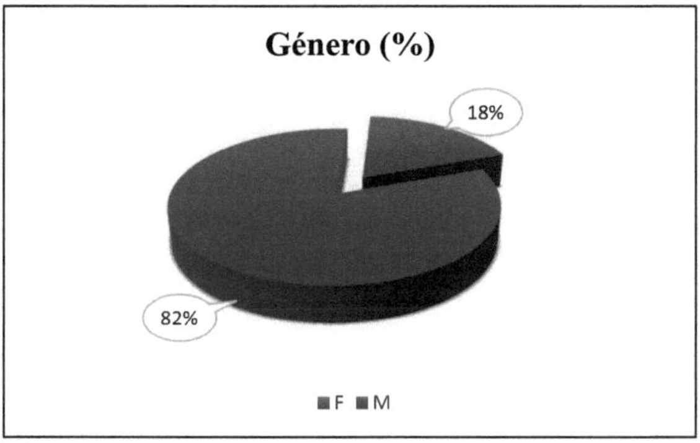

Figura 22: Repartição dos consumidores de droga por sexo.

5.1.2. Repartição dos consumidores de droga por idade

O gráfico (23) e a tabela (04) mostram a distribuição dos toxicodependentes por idade. Os nossos resultados mostram que a maioria dos casos afecta pessoas na faixa etária dos (20-25) anos, sendo que 29 pessoas são as mais vulneráveis, uma vez que estatisticamente constituem as camadas dominantes e mais activas da população, enquanto que a faixa etária dos (-15) anos é a menos afetada pela toxicodependência, com apenas um caso.

Quadro 04: Repartição dos consumidores de droga por idade .

Idade	Número de toxicodependentes	Percentagem
(-15)	1	2
(15-20)	14	23
(20-25)	29	48
(25-30)	10	17
(+35)	6	10
Total	60	100

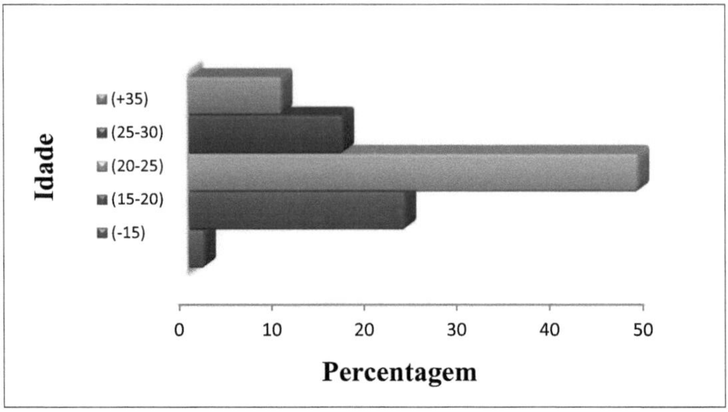

Figura 23: Repartição dos consumidores de droga por idade.

A população mais afetada situa-se na faixa etária dos 20-25 anos (48%), o que significa que os jovens de uma certa idade procuram uma experiência diferente, uma nova sensação e uma forma de lidar com uma situação difícil.

Portanto, os resultados obtidos são os mesmos que os encontrados por **Kaddour (2015)** em Tlemcen, que observou que os pacientes que mais consomem têm idade (18-24) anos (45%) e (25-34) anos (32%). E também para os resultados de **Touami *et al*, (2018)** em Mostaganem, a idade mais visada é (18-33) anos (45%).

5.1.3 Distribuição dos doentes por nível de escolaridade

A Tabela (05) e **a Figura 24** mostram que o nível de escolaridade dos pacientes que tomam estes alucinogénios é (40%) de nível universitário e o mesmo que o dos pacientes do ensino secundário (40%), enquanto (17%) dos pacientes têm um nível médio e uma percentagem muito pequena tem um nível primário (3%).

Quadro 05: Repartição dos doentes por nível de escolaridade.

Nível escolar	Número de pacientes	Percentagem
Primário	2	3
Médio	10	17
Liceu	24	40
Universidade	24	40
Total	60	100

O consumo de drogas é mais frequente entre os sujeitos que têm níveis universitários e secundários de (40%) : Os alucinogénios são abundantes nas instituições, na depressão dos estudos e em demasiados encontros.

Por outro lado, **Kaddour (2015)** relatou que 46% dos pacientes tinham ensino médio. A mesma constatação foi feita por **Azzeddine (2012)** na Argélia, sendo que 48,75% tinham um nível intermédio e 17,5% um nível secundário.

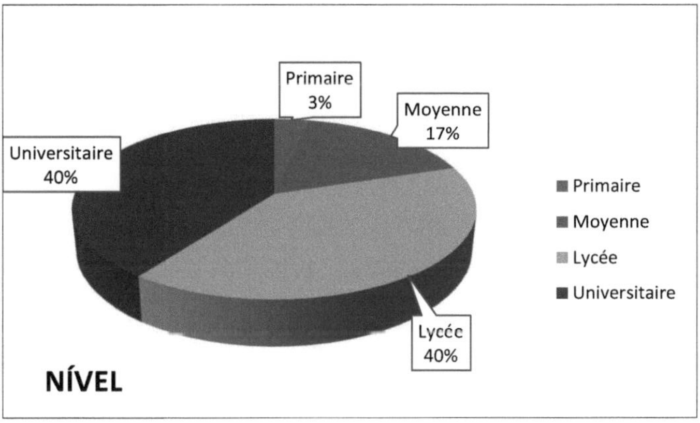

Figura 24: Distribuição dos doentes por nível de escolaridade

5.1.4. Repartição dos doentes por estatuto social

A Tabela (06) e a Figura (25) mostram que a maior percentagem de consumidores de drogas (toxicodependentes) são solteiros (85%), seguidos dos casados (13%), enquanto os divorciados representam apenas 2%.

Quadro 06: Repartição dos doentes por estatuto social

O Estado social	Número de pacientes	Frequência
Individual	51	85
Casado	8	13
Divorciado	1	2
Total	60	100

Os maus amigos e o vazio são as principais causas da toxicodependência.

São semelhantes aos registados por **Ammari *et al* (2021)**, em que a maioria dos consumidores eram 84% solteiros, em comparação com 11% casados e 4% divorciados.

Mesmo **Mebarki (2015)** também constatou que a maioria era solteira 56%.

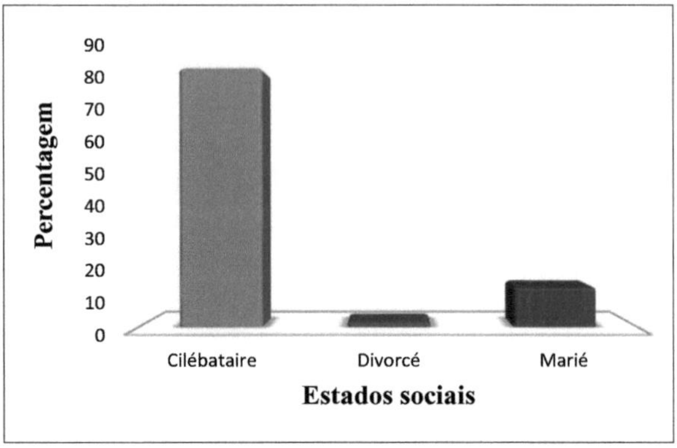

Figura 25: Distribuição dos doentes segundo o estatuto social.

5.1.5. Repartição dos doentes por tipo de duração do internamento

A Tabela (07) e a Figura (26) mostram que a maior percentagem destas substâncias é consumida na casa da família, estimada em (80%), seguida da habitação privada, com uma percentagem de (13%), e depois uma pequena percentagem em habitação arrendada, com (7%).

Quadro 07: Repartição dos toxicodependentes em função da situação habitacional.

Longo	Número de pacientes	Frequência
Família	48	80
Privado	4	7
Aluguer	8	13
Total	60	100

Estes resultados mostram que a maioria dos consumidores de drogas são ainda adolescentes que vivem com as suas famílias. Os nossos resultados são comparáveis aos de **Ammari *et al* (2021)**, em **que** a maior percentagem destas substâncias é consumida na casa da família (82%), seguindo-se a habitação privada com uma percentagem de (15%) e, depois, uma pequena percentagem em casas alugadas com (3%).

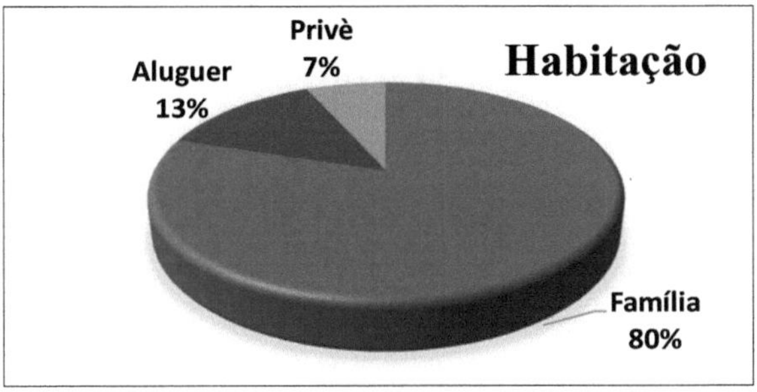

Figura 26: Repartição dos doentes por tipo de alojamento.

5.2. Informações sobre a utilização de alucinogénios

5.2.1. Repartição dos doentes de acordo com o tempo passado a tomar alucinogénios

É de salientar que se estima que os consumidores de droga consomem drogas ao longo do dia (38%), seguidos dos consumidores de droga de manhã (35%), à tarde (19%) e à noite (8%).

Quadro 08: Distribuição temporal do consumo de alucinogénios.

Tempo para tomar medicamentos	Número de pacientes	Frequência (%)
A toda a hora	18	38
A manhã	17	35
À noite	9	19
A noite	4	8
Total	60	100

As drogas podem ser consumidas em qualquer altura do dia, sendo a disponibilidade de cada substância e os hábitos e preferências de cada toxicodependente que determinam quando podem ser consumidas durante o dia.

Estes resultados são contrários aos relatados por **Ammari et al (2021),** em que a maioria dos consumidores de droga consumia à noite (44%), seguindo-se a tarde (31%) e depois a manhã (25%).

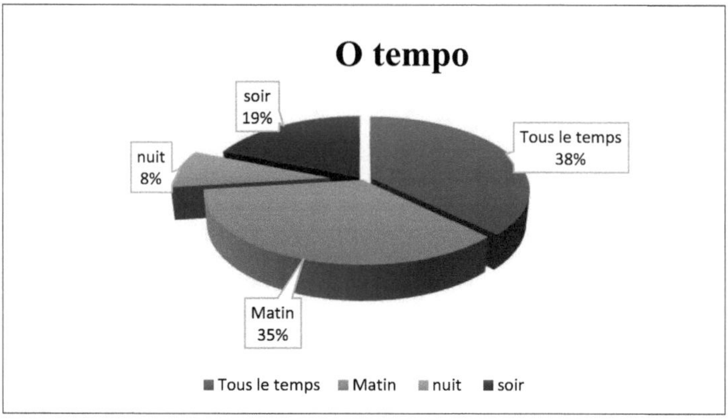

Figura 27: Repartição dos consumidores de droga por tempo passado a tomar alucinogénios.

5.2.2. Repartição dos doentes por tipo de alucinogénio

A Tabela (09) e a Figura (28) mostram que a lirica (Pregabalina), com uma percentagem de (59%), é a substância psicoactiva mais utilizada em termos de dependência, seguida do tramadol (18%), seguida dos utilizadores de outras substâncias, com uma taxa de (16,4%) e, por outro lado, os doentes que utilizam kietyl representam apenas (6,6%).

Quadro 09: Repartição dos doentes em função do tipo de alucinogénio.

Tipo de substância	Número de pacientes	Frequência
Lyrica	35	59
Tramadol	11	18
Kietyl	4	6.6
Outra substância	10	16.4
Total	60	100

Estes resultados demonstram que o Lyrica (pregabalina) não é demasiado caro e tornou-se amplamente disponível.

São semelhantes aos relatados por **Ammari *et al* (2021)**, em que a maioria dos utilizadores consome pregabalina em percentagem (68%), outros fármacos (18%), seguidos de kietyl em percentagem (8%) e Tramadol (6%).

Do mesmo modo, **Ghomari** e **Oussahla (2019)** referiram que a pregabalina (Lyrica) era a droga mais utilizada depois da canábis em percentagem (3,7%), seguida do kietyl (2,8%), da cocaína (2,3%) e das anfetaminas (Ecstasy) (1,4%).

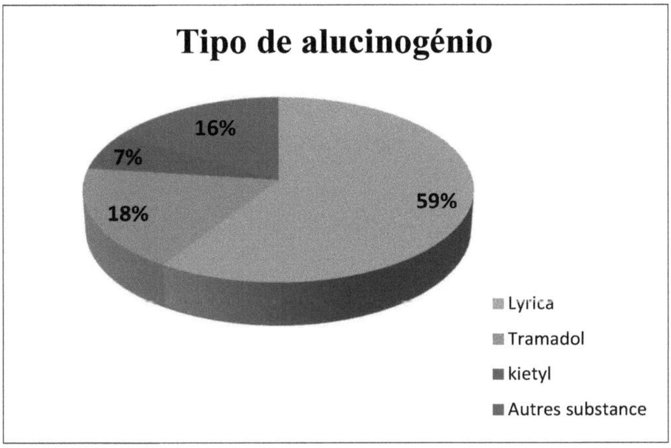

Figura 28: Proporção de alucinogénios mais frequentemente utilizados.

5.2.3. Repartição dos consumidores de droga por modo de consumo

O gráfico (29) e a tabela (10) mostram a recorrência dos utilizadores de drogas por modo de consumo. De acordo com os resultados obtidos, observamos :

- Substâncias alucinogénias consumidas por via oral, com 70% do total
- Por via intravenosa numa percentagem muito pequena, 10%.
- Existem também várias formas de consumir alucinogénios, mas apenas uma pequena percentagem (20%).

Quadro 10: Repartição dos consumidores de droga por modo de consumo.

Modo de consumo	Número de toxicodependentes	Percentagem
Tablet	42	70
Injeção	6	10
Outros	12	20
Total	60	100

A facilidade com que os comprimidos podem ser tomados, o seu preço mais barato e o facto de estarem mais amplamente disponíveis na nossa sociedade contribuíram para estes resultados.

A comparação dos nossos resultados com outros estudos sobre o mesmo assunto em Oued-Sauf **Ammari *et al,* (2021)** mostra que a maioria dos pacientes (98%) toma comprimidos, mas muito poucos tomam o medicamento sob a forma de injeção ou supositório (01%).

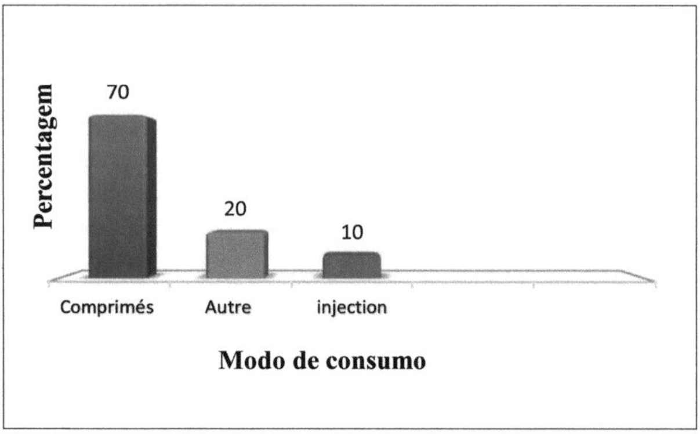

Figura 29: Repartição dos consumidores de droga por modo de consumo.

5.2.4. Repartição dos doentes por preço dos medicamentos

O gráfico **(Figura 30)** e a tabela (11) mostram que a maioria dos consumidores de drogas diz que os alucinogénios estão facilmente disponíveis (68%), enquanto 20% dos doentes dizem que estas substâncias são caras e os restantes 12% dizem que os preços das drogas são demasiado elevados.

Quadro 11: O preço dos alucinogénios

O preço dos alucinogénios	Número de pacientes	Frequência (%)
Acessível	41	68
Caro	12	20
Demasiado caro	7	12
Total	60	100

Este resultado foi confirmado por aqueles mencionados em **(Ammari et *al.*, 2021),** onde a maioria dos usuários de drogas (49%) indicou que a droga era mais barata, seguido por (40%) indicou que era mais caro, Por outro lado (11%), eles afirmaram que o preço era muito alto.

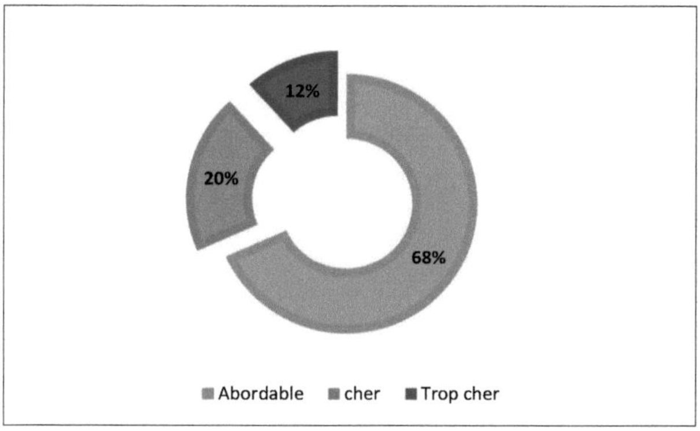

Figura 30: Distribuição dos doentes por preço dos medicamentos.

5.2.5 Repartição dos consumidores de droga por método de obtenção de alucinogénios

De acordo com os resultados documentados, a maioria dos toxicodependentes obtém as suas drogas através de vendedores, o que se verificou numa taxa elevada (85%), seguindo-se as estimativas sem receita médica (10%) e os amigos (3%), e por outro lado (2%) os toxicodependentes utilizam outros métodos para obter alucinogénios.

Quadro 12: Repartição dos consumidores de droga por método de obtenção de alucinogénios.

Método de produção	Número de toxicodependentes	Frequência (%).
Vendas	51	85
Compras sem receita médica (medicamentos psicoactivos)	6	10
Os nossos amigos	2	3
Outro método	1	2
Total	60	100

Os resultados são semelhantes aos do estudo de **Ammari *et al*, (2021)** no qual se constata que o método mais utilizado pelos toxicodependentes para comprar a droga é através de vendedores estimado em (60%), seguido dos que compram SPAs sem receita médica sendo utilizado por (14%) dos toxicodependentes, e os restantes utilizam outros métodos para a obter.

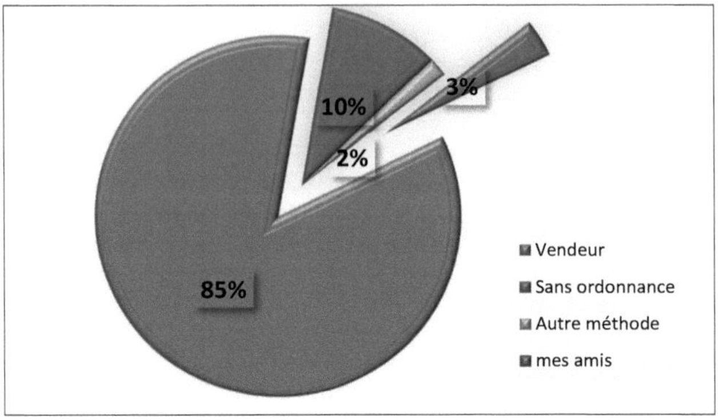

Figura 31: Repartição dos consumidores de droga por método de aquisição de alucinogénios.

5.2.6. Repartição dos doentes por motivo de consumo de alucinogénios

Neste estudo, verificamos que a principal causa de dependência entre os doentes é atribuída a um mau ambiente, representando cerca de 33%. Seguem-se os toxicodependentes com problemas familiares, que representam 23% dos casos. Por outro lado, 18% dos indivíduos tornam-se toxicodependentes devido a problemas relacionados com os estudos e o desemprego, enquanto 17% são toxicodependentes pelas mesmas razões. Por último, 8 das pessoas consomem drogas devido a condições sociais desfavoráveis.

Quadro 13: Repartição dos doentes de acordo com os motivos que os levaram a consumir alucinogénios.

Razões para tomar alucinogénios	Número de toxicodependentes	Frequência (%)
Maus amigos	20	33
Problemas familiares	14	23
Problemas de estudo	11	18
Desemprego	10	17
Condições sociais	5	8
Total	60	100

Não é fácil reconhecer as razões pelas quais certas drogas são consumidas pelos próprios toxicodependentes, que têm dificuldade em descrever as causas do seu consumo.

Os motivos mais frequentemente referidos foram: maus amigos 51%, condições sociais 20%, seguidos de problemas familiares 16%, pressão laboral e desemprego estimados em 12% e problemas de aprendizagem **Ammari et *al.*, (2021).**

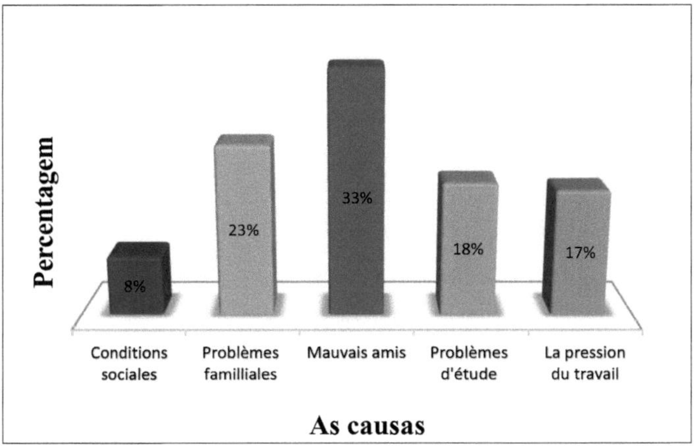

Figura 32: Repartição dos doentes por motivo de consumo de alucinogénios.

5.2.7. Repartição dos doentes por número de doses tomadas diariamente

A tabela (14) e a figura (33) mostram que uma taxa significativa de 2 doses/dia apresenta uma percentagem de (35%), seguida de >> 5 doses/dia (25%) e de uma dose única com uma taxa de (15%), e outras doses incluindo (13%) e (7%), seguidas de (5%).

Tabela 14: Repartição dos doentes por dose de consumo.

Número de doses tomadas diariamente	Número de pacientes	Frequência (%)
1	9	15
2	21	35
3	8	13
4	3	5
5	4	7
>>5	15	25
Total	60	100

Estes resultados mostram que alguns toxicodependentes não ficam satisfeitos com uma dose, porque esta não lhes dá a euforia de que necessitam, pelo que consomem doses cada vez mais elevadas de uma droga para obterem os mesmos efeitos.

São semelhantes aos relatados por **Ammari *et al* (2021)**, com uma taxa elevada de 2 doses/dia (27%), seguida de 3 doses/dia (25%) e mais de 5 doses (20%), e outras doses incluindo 15% e 13%, respetivamente.

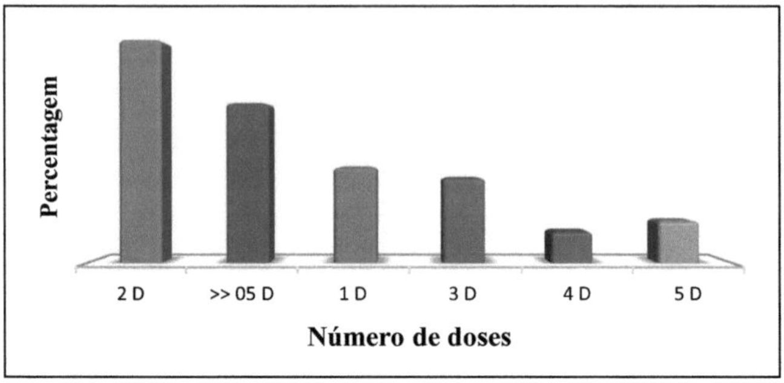

Figura 33: Distribuição dos pacientes de acordo com o número de doses tomadas diariamente.

5.2.8. Repartição do consumo de droga por ano

No gráfico da figura seguinte, vemos uma percentagem elevada (50%) de consumo de drogas em (2016-2017) e percentagens mais baixas e semelhantes em (2018-2020) de 23%, (2021-2022) de 14% e em (2010-2015) de 9%. Em contrapartida, o consumo destes medicamentos registou uma diminuição de 4% em (2000-2007).

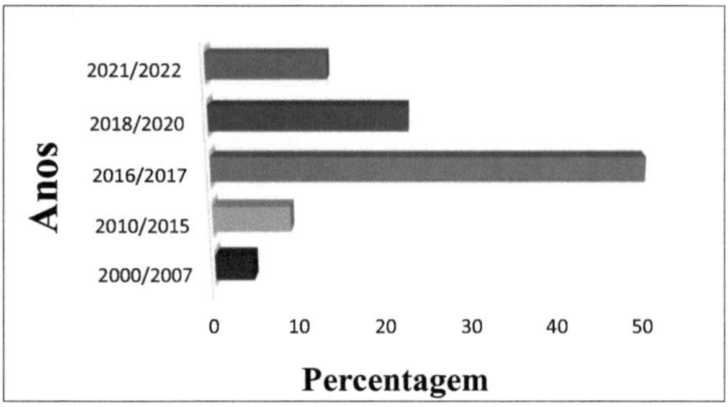

Figura 34: Repartição do consumo de droga por ano.

Estes resultados indicam que, durante este período (2016-2017), a maioria dos toxicodependentes foi vítima do consumo de alucinogénios, que se tornou mais generalizado devido à disponibilidade destas substâncias e à fragilidade das infraestruturas económicas e sociais.

De acordo com **M. Benhalla (2018)**, a Argélia é um país consumidor de drogas e o consumo de substâncias psicotrópicas é muito maior durante os anos (2016-2018).

5.2.9. Repartição dos doentes por idade de início do consumo de droga

A tabela (15) e a figura (35) mostram que a maioria dos consumidores de drogas refere o seu primeiro contacto com alucinogénios na idade dos 20 aos 25 anos com uma percentagem (62%), seguida dos menores de 15 anos (25%) e dos 20 aos 25 anos (8%) e 5% dos 25 aos 30 anos.

Quadro 15: Repartição dos doentes por idade de início do consumo de droga

Consumo inicial	Número de pacientes	Frequência (%)
Menos de 15 anos	15	25
15 a 20 anos	37	62
20 a 25 anos	5	8
25 a 30 anos	3	5
Total	60	100

Estes resultados traduzem-se em : A adolescência é uma das principais causas da toxicodependência, até mesmo a ausência de controlo familiar, mas também os maus amigos.

Os nossos resultados são comparáveis aos de **Mebark (2015)**, que indica que A idade média de início foi de 18 ± 06 anos. O pico de idade de início foi entre 16 e 26 anos.

Da mesma forma, **Ammari *et al* (2021)** A maioria dos pacientes relatou seu primeiro uso de substâncias psicotrópicas; na fase da adolescência de 15 a 20 anos (47%), seguido por 21 a 25 anos (27%) e menos de 15 anos (14%). A menor prevalência foi entre as idades de 25 a 30 anos (09%) e 30 anos ou mais (03%).

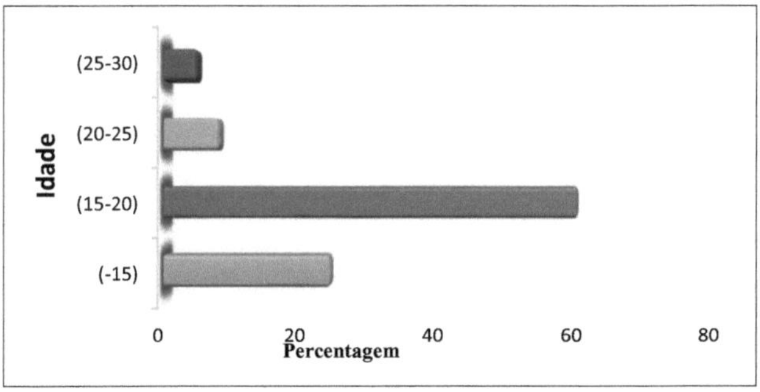

Figura 35: Repartição dos doentes por idade de início do consumo de droga.

5.2.10. Distribuição dos doentes de acordo com o efeito das substâncias alucinogénias no organismo

De acordo com a repartição dos efeitos no organismo, 33% dos consumidores sofrem de problemas neurológicos, enquanto 28% sofrem de problemas respiratórios. Outros 22% sofrem de problemas digestivos e estima-se que 17% tenham problemas cardíacos.

Quadro 16: Efeitos indesejáveis no corpo humano.

Os efeitos nocivos dos alucinogénios	**Número de pacientes**	**Frequência (%)**
Perturbação do sistema nervoso	20	33
Doença respiratória	17	28
Problemas digestivos	13	22
Problemas cardíacos	10	17
Total	60	100

Notamos que os resultados são semelhantes ao estudo de **Bourouis et *al*, (2019),** onde os sinais clínicos mais frequentes observados nos pacientes são: nervosismo (72,72%), sonolência (36,36%), stress e palidez (45,45%), dores de cabeça, fraqueza, lentidão, tonturas (90,90%), perda de peso (81,81%), insónia (80%) e desidratação (36,36%).

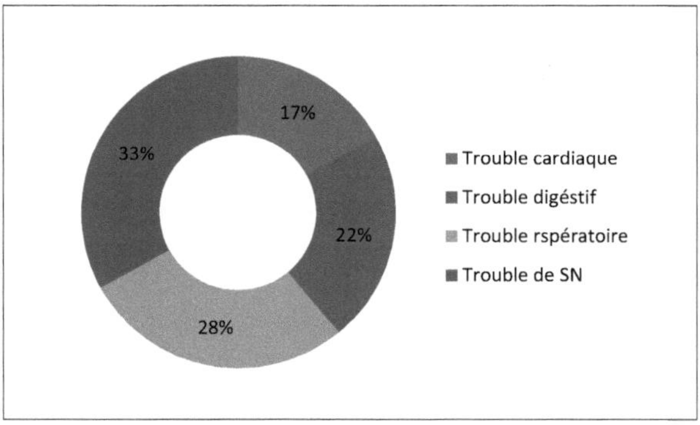

Figura 36: Distribuição dos consumidores de droga de acordo com os efeitos nocivos no corpo.

5.2.11. Repartição dos toxicodependentes fumadores

A tabela e o gráfico mostram os hábitos tabágicos dos doentes. Dos casos registados, a maioria dos 49 (82%) são fumadores, enquanto apenas 11 (18%) dos casos registados não fumam.

Quadro 17: Repartição dos toxicodependentes por associação de fumadores.

Fumadores	**Número de toxicodependentes**	**Percentagem**
Sim	49	82
Não	11	18
Total	60	100

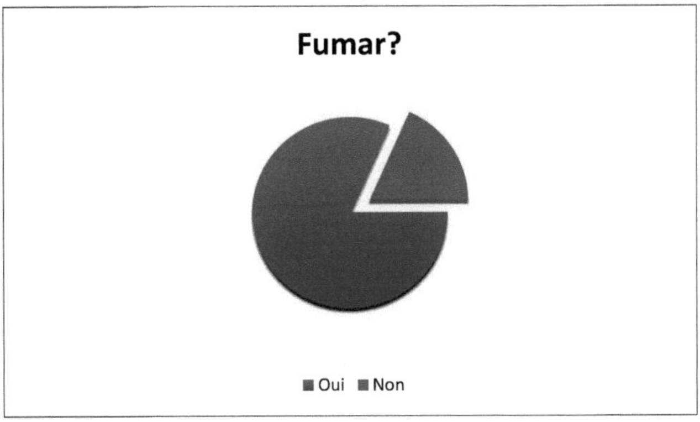

Figura 37: Repartição dos consumidores de droga por associação ao tabagismo.

A maioria dos toxicodependentes prefere a combinação de tabaco e cigarros, porque os cigarros fazem-nos sentir relaxados e dão-lhes uma sensação de energia. Os fumadores vêem-no frequentemente como um amigo que os ajuda a ultrapassar os momentos difíceis. O tédio e a solidão também podem levar algumas pessoas a fumar.

De acordo com o Instituto Nacional de Saúde Pública da Tunísia, o consumo de tabaco na Tunísia foi referido por 30,4% dos inquiridos. Afecta 55,6% dos homens, mas apenas 5,2% das mulheres.

Em 2017, de acordo com o Barómetro da Saúde Pública em França, o consumo diário de tabaco entre as pessoas com idades compreendidas entre os 18 e os 75 anos (taxas normalizadas) variou entre 21,3% e 32,2%.

5.2.12. Repartição dos consumidores de droga por associação de alcoolismo

O consumo de álcool é apresentado na tabela (18) e no gráfico (38). Os resultados obtidos mostram que as pessoas que dizem não representam a maioria com 38 (63%) e as pessoas que dizem sim são representadas por alcoólicos 37% com 22 casos.

Quadro 18: Repartição dos toxicodependentes por associação de alcoolismo.

Alcoólico	Número de toxicodependentes	Percentagem
Sim	22	37
Não	38	63
Total	60	100

O consumidor utiliza este tipo de combinação para amplificar os efeitos agradáveis, mas pode também utilizar outras combinações para reduzir os efeitos desagradáveis sentidos, como a ansiedade ou a sonolência, ou simplesmente para reduzir os custos. Apesar disso, é mais frequente o consumo de outras substâncias para além do álcool.

Em contrapartida, cerca de 8,83%, ou seja, 6 doentes da nossa população, associaram o consumo de álcool ao consumo de drogas. **Toe (2011)** verificou que o consumo de álcool estava mais frequentemente associado à cannabis. Esta associação também foi demonstrada por **Traore (2004).**

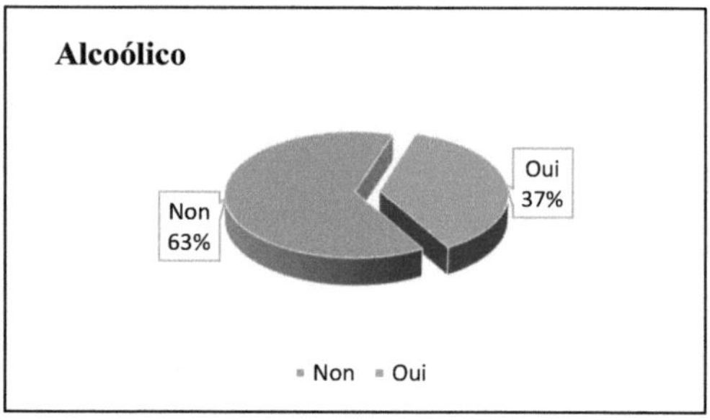

Figura 38: Repartição dos toxicodependentes por associação de alcoolismo.

5.3. Caraterísticas de diagnóstico

5.3.1. Realização de várias actividades diárias após o consumo de alucinogénios

A tabela (19) e a figura (39) mostram que a maioria dos toxicodependentes (95%) consegue realizar normalmente as suas actividades diárias. Os restantes (5%) não conseguem realizar as suas actividades.

Quadro 19: Repartição das actividades após a utilização de alucinogénios

Atividade após a utilização de alucinogénios	Número de pacientes	Frequência (%)
Sim	57	95
Não	3	5
Total	60	100

Estes resultados mostram que a maioria dos inquiridos consome alucinogénios para se sentir ativa e vital. A maior parte deles não consegue fazer nada se não o fizerem.

Ammari et al (2021) concluíram que a maioria dos inquiridos (75%) era capaz de realizar as suas actividades diárias. Os restantes 25% não conseguiam realizar as suas actividades.

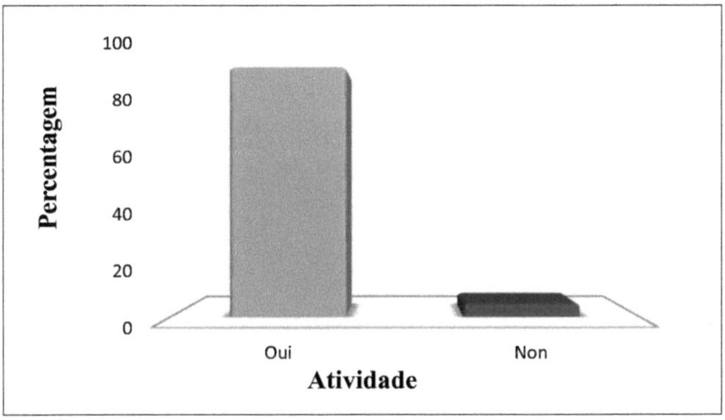

Figura 39: Repartição das actividades dos doentes após a utilização de alucinogénios.

5.3.2 Distribuição dos doentes de acordo com as sensações após a toma de alucinogénios

A tabela (20) e a figura (40) mostram que a maioria dos consumidores sente conforto/felicidade (50%) e atividade/vitalidade (36,7%), em contraste com os doentes que se sentem cansados/exaustos (10%), seguidos de uma taxa muito baixa de doentes que sentem tristeza e depressão (3,3%).

Quadro 20: Distribuição dos doentes de acordo com os sentimentos após a toma de alucinogénios.

Sensação após a toma do medicamento	Número de pacientes	Frequência (%)
Conforto / felicidade	30	50
Atividade / vitalidade	22	36.7
Cansado / exausto	6	10
Tristeza / depressão	2	3.3
Total	60	100

A maior parte dos toxicodependentes consome drogas para obter felicidade, conforto e atividade. Alguns deles não conseguem divertir-se ou mesmo fazer o seu trabalho ou qualquer outra coisa sem as consumir.

São semelhantes às mencionadas por **Ammari *et al* (2021)**, em que a maioria dos consumidores se sente feliz (54%), ativa e com vitalidade (36%) depois de tomar a medicação e, em algumas percentagens, sente-se triste e deprimido (03%), cansado e exausto (07%).

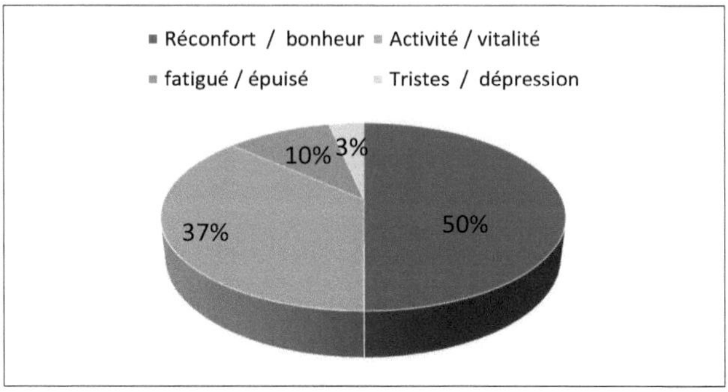

Figura 40: Distribuição dos doentes de acordo com os sentimentos após a toma de alucinogénios.

5.3.3. Repartição dos doentes por problemas de saúde (psicológicos, orgânicos)

A tabela (21) e a figura (41) mostram que a maior percentagem de toxicodependentes tem problemas psicológicos (45%), seguidos dos toxicodependentes sem problemas (42%). No entanto, os doentes que sofrem de problemas orgânicos representam apenas (13%).

Quadro 21: Repartição dos consumidores de droga por tipo de problema.

Tipo de problema	Número de pacientes	Frequência (%)
Psíquico	27	45
Não	25	42
Orgânico	8	13
Total	60	100

Este resultado traduz-se no facto de a frequência de comorbilidade psiquiátrica em indivíduos consumidores de drogas ser considerada por todos os autores como particularmente elevada. As pessoas com perturbações psiquiátricas podem ter maior probabilidade de desenvolver uma substância psicoactiva, uma vez que podem utilizar a substância para os seus sintomas psiquiátricos.

São semelhantes aos referidos por **(Ammari *et al.*, 2021)**, onde se constata que a maior percentagem de toxicodependentes sofre de um problema psicológico, estimado em (55%), seguido dos que não sofrem de qualquer problema com (41%) e depois uma percentagem muito baixa para os que sofrem de um problema orgânico, estimado em (3%).

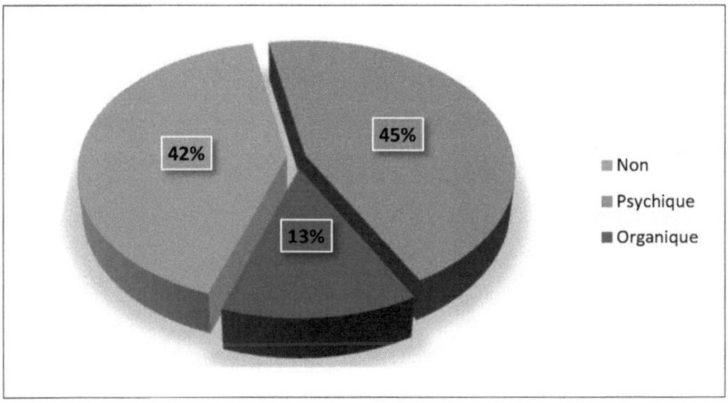

Figura 41: Distribuição dos doentes por tipo de problema.

5.3.4. Repartição dos toxicodependentes por estado de abstinência de alucinogénios

A tabela (22) e a figura (42) mostram que a percentagem de doentes que sentem ansiedade, stress e perda de controlo quando ficam sem alucinogénios é a mais elevada (43%). Por outro lado, (38%) dos toxicodependentes sentem ansiedade e stress, enquanto (12%) dos doentes sentem perda de controlo. Por outro lado, apenas (7%) dos doentes não sofrem de uma deficiência destas substâncias.

Quadro 22: Repartição dos consumidores de droga de acordo com o desejo.

Toxicodependência em caso de abstinência	Número de toxicodependentes	Frequência (%)
Ansiedade e stress/perda de controlo	26	43
Ansiedade e stress	24	38
Perda de controlo	7	12
Estado normal	3	7
Total	60	100

Quando o consumo de drogas é reduzido, o organismo reage com sinais de abstinência, por vezes perturbações nervosas (ansiedade, depressão) ou alucinações.

A toma da droga reduz ou mesmo elimina estes sintomas de abstinência, encorajando o toxicodependente a continuar a consumi-la regularmente.

Obtivemos estes resultados num centro intermédio de tratamento de toxicodependentes, onde observámos o comportamento dos doentes quando não estavam a consumir drogas.

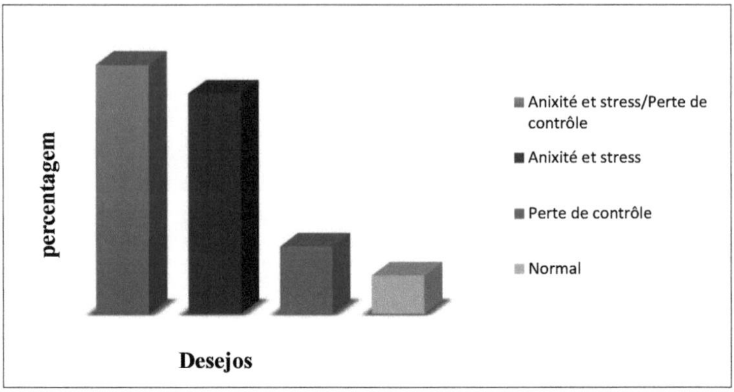

Figura 42: Repartição dos toxicodependentes por estado de abstinência de alucinogénios.

5.3.5. Distribuição dos doentes de acordo com a sua opinião sobre o consumo de drogas

(67%) dos toxicodependentes têm uma visão negativa da toxicodependência, (25%) têm uma visão normal e (8%) têm uma visão favorável da toxicodependência, de acordo com a repartição das opiniões dos toxicodependentes sobre a toxicodependência.

Quadro 23: Repartição dos doentes de acordo com as suas opiniões.

As opiniões dos toxicodependentes	Número de pacientes	Frequência (%)
Visão negativa	40	67
Visão normal	15	25
Uma perspetiva positiva	5	8
Total	60	100

É importante notar que as experiências e opiniões dos toxicodependentes podem variar consideravelmente de uma pessoa para outra. Algumas pessoas podem ver a sua dependência como um fardo, enquanto outras podem encontrar conforto ou fuga no consumo de substâncias.

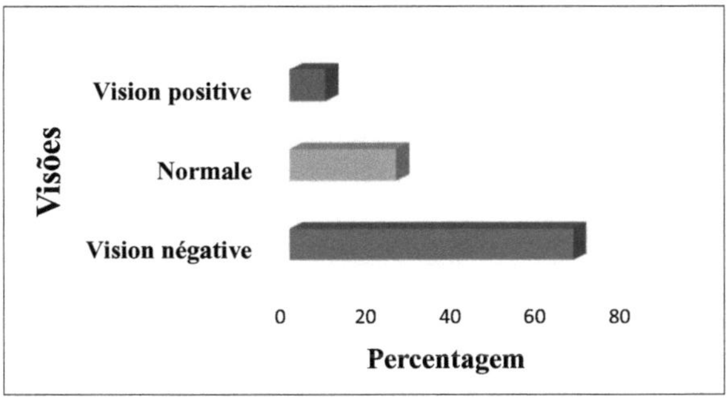

Figura 43: Distribuição dos doentes de acordo com a sua opinião sobre o consumo de drogas.

5.3.6. Pensar em parar o consumo

A Tabela (24) e a Figura 44 mostram que a percentagem mais elevada de pessoas que pensam em deixar de consumir drogas é estimada em (88%), seguida da resposta oposta com uma percentagem de (12%).

Quadro 24: Representação dos doentes que estão a pensar em deixar de fumar.

Pensar em deixar de consumir drogas	Número de pacientes	Frequência (%)
Sim	53	88
Não	7	12
Total	60	100

Estes resultados são a causa de: os inquiridos têm a certeza de que estes alucinogénios afectaram negativamente a sua saúde e as suas relações.

São semelhantes aos relatados por **Ammari *et al* (2021),** que concluíram que a população do estudo que pensava parar era sim, estimada em (87%), seguida da resposta oposta, com uma percentagem de (13%).

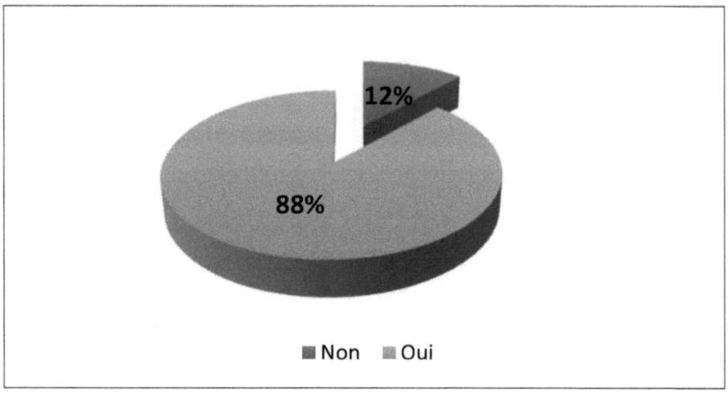

Figura 44: Distribuição dos doentes que estão a pensar deixar de consumir.

5.3.7. Como é que o toxicodependente pensou em eliminar estes alucinogénios?

A tabela (25) e **a figura (45)** mostram que a percentagem mais elevada de pessoas que decidem deixar de consumir estas drogas por si próprias é estimada em (50%), seguida de (27%) que recorrem ao centro de toxicodependência e (18%) a psicólogos.

Tabela 25: Representação dos doentes de acordo com os seus pensamentos sobre a eliminação destes alucinogénios.

A ideia de parar estes Alucinogénios	Número de pacientes	Frequência (%)
Parar sozinho	33	50
Centro de toxicodependência	16	27
Psicólogo	11	18
Total	60	100

De acordo com os nossos resultados, foi estabelecido que certas substâncias alucinogénias não causam dependência, o que significa que os toxicodependentes podem deixar de as consumir sem assistência médica.

No entanto, outras substâncias causam dependência e requerem tratamento médico sob a supervisão de psicólogos e psiquiatras.

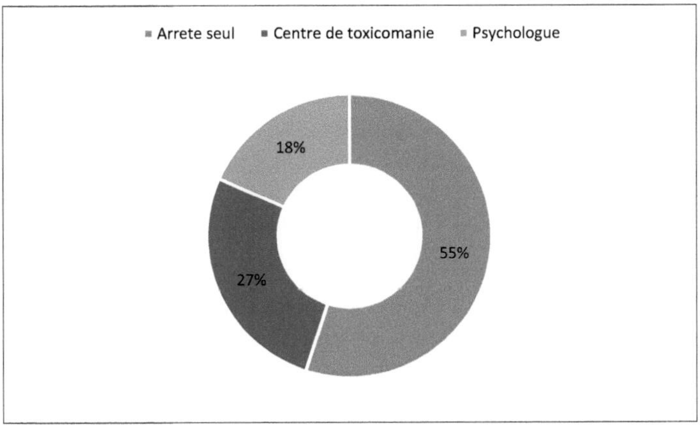

Figura 45: Distribuição dos doentes de acordo com a sua opinião sobre a eliminação destes alucinogénios.

Conclusão

Em conclusão, a presente dissertação analisou em profundidade o fenómeno da toxicodependência, destacando a dimensão do problema global da dependência de substâncias e sublinhando a importância de uma abordagem holística para enfrentar esta crise. Na Argélia, a toxicodependência tornou-se um problema grave devido ao aumento crescente, tanto em termos de quantidade como de qualidade, deste flagelo, que afecta principalmente uma população cada vez mais jovem. O consumo regular de uma variedade de drogas, incluindo a cannabis e os medicamentos psicotrópicos, é uma realidade quotidiana, com o aparecimento de uma clientela de jovens viciados em drogas duras.

A nossa análise detalhada e rigorosa dos factores de risco associados ao consumo de drogas revelou que a maioria dos doentes que encontrámos eram consumidores múltiplos de substâncias psicoactivas, como o tabaco, o álcool, as anfetaminas, a cannabis, o ecstasy e o Lyrica®. Referiram efeitos adversos para a saúde, problemas socioeconómicos e dependência. A maior parte destes consumidores múltiplos eram solteiros, com um bom nível de educação e de remuneração, e tinham começado a consumir em idade precoce, com problemas psicológicos subjacentes.

Os resultados deste estudo efectuado no Centro Intermédio de Saúde para Toxicodependentes (CIST) de Tébessa podem ser resumidos da seguinte forma:

- O perfil dos pacientes é caracterizado pela sua idade jovem como jovens adultos [21-25 anos].
- A maioria dos participantes são homens solteiros, em maior proporção do que as mulheres.
- A maioria dos doentes tem um bom nível de educação e recebe uma remuneração satisfatória.
- A pregabalina foi identificada como a substância mais utilizada, seguida do tramadol.
- O consumo de alucinogénios tem efeitos indesejáveis no organismo dos indivíduos em causa.
- A maioria dos doentes quer deixar de tomar alucinogénios.

Durante a nossa investigação, encontrámos dificuldades em comunicar com os consumidores de droga e em obter as informações necessárias. Além disso, queríamos aprofundar o diagnóstico dos toxicodependentes através da realização de análises, mas deparámo-nos com constrangimentos materiais, nomeadamente a falta de reagentes necessários para a realização de testes de despistagem de drogas, como o teste Drogue ou o teste Narco.

Em termos de perspectivas, este trabalho também pôs em evidência certas limitações e lacunas na literatura existente, abrindo caminho a novas questões de investigação. São necessários mais estudos aprofundados para compreender melhor este flagelo e propor soluções eficazes.

Dentro de determinados limites e condicionalismos, esta dissertação dá um contributo significativo para o domínio da toxicodependência. Oferece uma análise aprofundada e novas perspectivas sobre a toxicodependência, representando um importante contributo para a investigação académica neste domínio. Esperamos sinceramente que esta dissertação seja um recurso valioso para os investigadores, profissionais e decisores políticos interessados neste fenómeno e que estimule a investigação futura para fazer avançar a nossa compreensão e as nossas acções na luta contra a dependência.

Referências

- **Alain.** M & Grégory. P. (2019). Alucinogénios e drogas sintéticas na toxicologia. P219-232.
- **Alain M.** (2015). Alucinogénios e drogas sintéticas em toxicologia. P170-181.
- **Amar, M. B & Léonard, L.** (2002). Drogas psicotrópicas: farmacologia e dependência,9. P5-8
- **Audrey, D. Rosse, L. Agathe** (2010). Toxicomanie : Rencontre d'un individu, d'un produit, d'une société, P5.
- **AZZEDDINE R.** (2012). Esquizofrenia e comorbilidade da dependência de canábis. Universidade de Oran 1- Ahmed Ben Bella, tese de doutoramento em ciências médicas. P120
- **Ammari M, Harzallah C, Nagoudi H, Saighi L,** Inquérito sobre o consumo de alucinogénios e os seus efeitos nos toxicodependentes (caso da wilaya de El Oued) (2022)
- **Baker A, Lewin T, Reichler H, Clancy R, Carr V, Garrett R, Terry M.** (2002). Evaluation of a motivational interview for substance use within psychiatric in-patient services. Addiction, 97(10). P1-10
- **Bensakhria. A.** (2015). Dependência de drogas naturais e sintéticas. P3
- **Benyamina, A.** (2017). Vícios: Do prazer à dependência. P12-15
- **Bian, F., Li, Z., Offord, J., Davis, M. D., McCormick, J., Taylor, C. P., & Walker, L. C.** (2006). Calcium channel alpha2-delta type 1 subunit is the major binding protein for pregabalin in neocortex, hippocampus, amygdala, and spinal cord: An ex vivo autoradiographic study in alpha2-delta type 1 genetically modified mice. Brain Research, 1075(1), 68-80. https://doi.org/10.1016/j.brainres.2005.12.084.
- **Bockbrader, H. N., Wesche, D., Miller, R., Chapel, S., Janiczek, N., & Burger, P.** (2010). Uma comparação da farmacocinética e farmacodinâmica da pregabalina e gabapentina. Farmacocinética Clínica. P13-21
- **BOUROUIS N., LAIMECHE A., CHOUKI S., LOURGUIOUII** (2021). Rastreio de drogas no âmbito do tratamento de desintoxicação no centro de ensino, investigação e tratamento de toxicodependências de Tizi-Ouzou. Tese de Doutoramento em Farmácia. Universidade Mouloud Mammeri. Faculdade de Medicina TIZI OUZOU: P190.
- **Brochu, S., & Plourde, C.** (2012). L'offre de services aux adultes toxicomanes sous le coup de mesures judiciaires. L'integration des services en toxicomanie, P107.
- **Burnat, P., & Le Brumant-Payen, C.** (1992). Cocaine intoxication. Lyon Pharm, Vol 43, 149-156.

- **Burnat, P., Huart, B., Ceppa, F., & Pailler, FM.** (1996). Ecstasy: substância psicoestimulante, alucinogénica e tóxica. Presse médicale (Paris, França: 1983*)*, *25* (26), 1208-1212.

- **Carl L. Hart, Joanne Csete, Don Habibi.** (2014). Metanfetamina - perigo - exagerado. 38 p.

- **Carroll, K. M., & Onken, L. S. (2005).** Behavioral therapies for drug abuse. American Journal of Psychiatry, 162(8), 1452-1460.

- **Carroll, K. M., Ball, S. A., Martino, S., Nich, C., Babuscio, T. A., Nuro, K. F., & Rounsaville, B. J.** (2008). Entrega assistida por computador de terapia cognitivo-comportamental para dependência: um ensaio randomizado de CBT4CBT. American Journal ofPsychiatry, 165(7).

- **Casares-López, M. J., González-Menéndez, A., Festinger, D. S., Fernández-García, P., Fernández-Hermida, J. R., Secades, R., & Matejkowski, J.** (2013). Preditores de retenção numa unidade livre de drogas/tratamento do abuso de substâncias na prisão. Revista internacional de direito e psiquiatria, 36(3-4).

- **Cassier, Vincent** (2014). Estudo retrospetivo das intoxicações agudas por tramadol (2007-2013) com base nos dados do centro de veneno e toxicovigilância de Bordéus: impacto da retirada do dextropropoxifeno. Tese de doutoramento. Universidade de Bordéus, P14.

- **CÉLINE RAY, M**. (2017). Circuito de recompensa: o que é?

- **Chambon, O.** (2009). La Médecine psychédélique -Le pouvoir thérapeutique des hallucinogènes. Les Arènes.

- **Charles, FLEURENTIN.** (2015). Terapêutica com recurso a psicotrópicos psicadélicos. Tese de doutoramento. UNIVERSITE DE LORRAINE, 34.

- **Chaumont, O.** (2018). Vício, dependência e drogas: um estudo da implementação de salas de consumo de baixo risco no mundo e em França desde 2016. Tese de doutoramento. Universidade de Bordéus. 144p.

- **Ciciero, T.J. e M.S. Ellis** (2015). "Abuse-deterrent formulations and the prescription opioid abuse epidemic in the United States: lessons learned from oxycontin," **JAMA Psychiatry**, vol. 72, no. 5.p 424-430.

- **Cirriez, P.** (2015). Journal de Pharmacie de Belgique: Drogas ilícitas comuns utilizadas por toxicodependentes, P14.

- **Constance, H.** (2002). Drogas, medicamentos, dependências, Ecstasy P35-49.

- **De um grupo.** (1 de janeiro de 2006). Drogas e dependência. Livro de informação. Edições Insep. França, p. 36.

- **Degenhardt, L., Charlson, F., Ferrari, A., et al.** (2018). A carga global de doenças atribuíveis ao uso de álcool e drogas em 195 países e territórios, 1990-2016: uma análise sistemática para o Global Burden of Disease Study 2016. The Lancet Psychiatry, 5(12), 987-1012.

- **Demaret, I., Lemaître, A., & Ansseau, M.** (2013). L'héroïne. Revue médicale de Liège, Vol 68, P 5-6.

- **Devaux, Lucie** (2022). Uso de Tramadol: entre o uso indevido e a dependência. Ciências farmacêuticas. Tese de doutoramento. Universidade de Picardie,50.

- **Devaux, Lucie** (2022). Uso de Tramadol: entre o uso indevido e a dependência. Ciências farmacêuticas. Tese de doutoramento. Universidade de Picardia, 33-39.

- **DEVER, L.** (2015). Drogas e tratamentos,38-48.

- **Dolan, K. A., Shearer, J., White, B., Zhou, J., Kaldor, J., & Wodak, A. D.** (2005). Four-year follow-up of imprisoned male heroin users and methadone treatment: mortality, re-incarceration and hepatitis C infection. Addiction, 100(6).

- **Dooley, D. J. Donovan, C. M. Meder, W. P., & Whetzel, S. Z.** (2002). Ação preferencial da gabapentina e da pregabalina nos canais de cálcio sensíveis à voltagem do tipo P/Q: inibição, Vol 45,171-190.

- **Dooley, D. J., Donovan, C. M., Meder, W. P., & Whetzel, S. Z.** (2002). Ação preferencial da gabapentina e da pregabalina nos canais de cálcio sensíveis à voltagem do tipo P / Q: inibição da liberação de [3H] -norepinefrina evocada por K + de fatias neocorticais de ratos. Synapse. 250-272

- **DUFAU, M.** (2020). Tese para a obtenção do diploma estatal de doutor em farmácia: Uso indevido de Pregabalina em toxicodependentes.

- **Dussaud, S.** (1998). A méthylènedioxy-3-4-méthamphétamine (ecstasy): revisão bibliográfica. Tese de doutoramento .6.

- **Fabritius, Marie.** (2014), Estudo de administração controlada de canábis e perfis cinéticos de canabinóides em fluidos biológicos. Tese de doutoramento. Universidade de Lausanne,5-6-7.

- **Gandilhon, M, Néfau, T.** (2016). MDMA: uma substância emblemática para alguns jovens. *F. Beck, Jeunes et addictions*, 48-50.

- **GHOMARI A, OUSSAHLA R.** (2019). Prevalência do uso de substâncias psicoativas entre motoristas profissionais na Argélia. Tese de doutoramento em farmácia. Universidade Abou Bakr Belkaid. Faculdade de Medicina. Dr. b. BENZERDJEB - Tlemcen :135.

- **Gothuey. I.** (2014). Dependência de cocaína. Etat de lieux .13p.

- **Goyette, M., Charbonneau, R., Plourde, C., & Brochu, S.** (2013). Conjuguer réadaptation et justice : un défi possible. Pensando fora da caixa: práticas promissoras com adultos adictos. Québec : Presses de l'Université Laval, 75-96.

- **Gruffat, X.** (2022). Tramadol (Tramal e genéricos).

- **Hägg, S., Jönsson, AK e Ahlner, J.** (2020). Evidências atuais sobre abuso e uso indevido de gabapentinoides. Médicament Saf 43, 1235-1254

- **Hickey C, Thomas B.** (2011). Delirium secundário à pregabalina. Psiquiatria Geral Hospitalar Vol 35.

- **Holloway, K. R., Bennett, T. H., & Farrington, D. P.** (2006). The effectiveness of drug treatment programs in reducing criminal behavior: A meta-analysis. Psicothema, 18(3), 620-629.

- **Ives, R., & Ghelani, P.** (2006). Polydrug use (the use of drugs in combination): Uma breve revisão. Drugs: Education, Prevention, and Policy, 13, 225-232.

- **Jean-Jacques Coiplet**, Diretor-Geral da ARS Pays de la Loire/ Santé publique France. janeiro de 2019. Boletim de saúde pública. Pays de la Loire.

- **John C.M. Brust.Luis Garcia-Larrea.** (2007). Aspectos neurológicos da toxicodependência. Elsevier Inc.2, 315.

- **KADDOUR M.** (2015). Abuso de substâncias e comorbilidade psiquiátrica. Tese de doutoramento em ciências médicas. Universidade Aboubakar Belkaid. Tlemcen.

- **Kandel, D. B., Yamaguchi, K., & Chen, K.** (1992). Stages of progression in drug involvement from adolescence to adulthood: Further evidence for the gateway theory. Journal of Studies on Alcohol, 53(5), 447-457.

- **LANDIE, A.** (2015). Drogas ilícitas e overdose,13.

- **Lapostolle, F. e Beaune, S.** (2021) Ecstasy: a segunda vaga... (11) ,103.https://doi.org/10.3166/afmu-2021-0309.

- **Laurent, Karlie** (2014). Vícios. Le cavalier bleu. Esscins. 50p

- **Lebeau. B.** (2002). La drogue. Edição cavalier bleu. Paris,61p.

- **Li, Z., Taylor, C. P., Wéber, M. Piechan, J. Prior, F. Bian, F. Donevan, S.** (2011). A pregabalina é um ligante potente e seletivo para as subunidades do canal de cálcio α2δ-1 e α2δ-2. European Journal of Pharmacology, 667(1), 80-90. https://doi.org/10.1016/j.ejphar.2011.05.054.

- **Marilyn Herie, Tim Godden, Joanne Shenfeld, Colleen Kelly** (2010). Addiction Information Guide.

- **Matthieu Idle, Alexander Bentley, Ruth Arenas Mata, Michel Por,Hugues Soames,Philippa Or, Jane Ecuyers, Hélène Parson,Broche Ng.**(2022) ,Pregabalin and Weed.

- **Matthieu Idle**. (2022). Lyrica e cocaína.

- **MAURY, A.** (1993). Tese de Mestrado. P70

- **Mehdi, Djeribi** (2016). Prise en charge du toxicomane à l'officine,5.

- **Michel Landry e Serge Brochu,** (2012). LE CONCEPT D'ADDICTION : L'ASAM ET LA TRADITION BIOPSYCHOSOCIALE DU QUÉBEC.LE JOURNAL SEMESTRIEL DU GROUPE. (20),1.

- **MIKE VAN, TASSEL. (2017).** Impacto da ansiedade, depressão e hostilidade como componentes do distress psicológico na tipologia do consumo de álcool e cannabis na adolescência por idade e género. Tese de doutoramento. Université du Québec,4.

- **MILDECA** (2021): https://www.drogues.gouv.fr/que-nous-dit-la-science-des-addictions.

- **Miller, W. R., Yahne, C. E., & Tonigan, J. S.** (2003). Motivational interviewing in drug abuse services: a randomized trial (Entrevista motivacional em serviços de toxicodependência: um ensaio aleatório). Journal of consulting and clinical psychology, 71(4).

- **Miller, W., & Rollnick, S.** (2006). A prática da entrevista motivacional. Aider la personne à engager le changement. Dunod. 241 p.

- **NEDJARI M. (2009).** A comorbilidade da esquizofrenia e da toxicodependência. Um estudo prospetivo de cem doentes. Tese de doutoramento em ciências médicas pp 8-17.

- **Nora D. Volkow, M.D.** (2011). Princípios do tratamento da toxicodependência: Um guia baseado na investigação DIANE Publishing. Terceira edição. pp 2-8.

- **PACZESNY, Marine** (2014). Cannabis sativa L.: Estudo botânico e químico. Propriedades medicinais e estatuto regulamentar. Tese de doutoramento. UNIVERSITÉ JOSEPH FOURIER, 23.

- **Palma, A., & Pancheri, P.** (2007). Anticonvulsivantes na perturbação de ansiedade e o papel da pregabalina. Jornal Italiano de Psicopatologia,

- **Perry, A. E., Darwin, Z., Godfrey, C., McDougall, C., Lunn, J., Glanville, J., & Coulton, S.** (2009). The effectiveness of interventions for drug-using offenders in the courts, secure establishments and the community: A systematic review. *Substance Use & Misuse*, *44*(3).

- **Richard, D., Senon, J. L., Hautefeuille, M., & Facy, F.** (1998). L'héroïne. Toxibase, Vol 1, 25p.

- **Ries, R.K., D.A. Fiellin, S.C. Miller, & R. Saitz** (2014). **Os Princípios ASAM de Medicina da Dependência** (5ª edição), Riverwoods (Ill.), Wolters Kluwer.
- **Sandra, P.** (2000). Héroïnomanie et grossesse : la mère, l'enfant et le personnel soignant. Medicina e Patologia Humana, P11
- **Schaad, N. Jean, Clermont. E Drolet, inf.** (2014). Marijuana.p2.
- **Shim, J. H.** (2011). Aplicação clínica do ligando α 2 -δ. Hanyang Medical Reviews, 31(2).55.

  https://doi.org/10.7599/hmr.2011.31.2.55.
- **Spigset, O., & Westin, A. A.** (2013). Tempos de deteção de pregabalina na urina após uso ilícito: quando uma amostra positiva deve ser considerada uma nova ingestão? Monitorização de Medicamentos Terapêuticos, Vol 35, 137-140.
- **Sueur, D. C.** (2017). Estado da arte da investigação sobre as capacidades terapêuticas das "substâncias alucinogénias" no século XXI. *Psychotropes*, De Boeck Supérieur *24*(3), 125-163.
- T **assone, D. M., Boyce, E., Guyer, J., & Nuzum, D.** (2007). Pregabalin: A novel γaminobutyric acid analogue in the treatment of neuropathic pain, partial-onset seizures, and anxiety disorders. Clinical Therapeutics, Vol 29(1), 26-48.
- **Thérèse Bluet Pajot, M. e Laurent, k.** (2015). Quand mon cerveau devient accro" booklet.
- **TOE B.** (2011). Étude du profil des cas d'abus de drogues et leur prise en charge dans les structures sanitaires de la ville de Ouagadougou (Burkina-Faso). Tese de doutorado. UFR/SDS Universidade de Ouagadougou; 88 p.
- **Touami. H & Tayeb. N.** (2018). Efeitos de substâncias psicoactivas (álcool, drogas e medicamentos) em certos parâmetros bioquímicos e hematológicos em toxicodependentes na Wilaya de Mostaganem. 62-85
- **TRAORÉ A.** (2004). Estudo da relação entre VIH/SIDA e consumo de drogas no Burkina Faso. Tese de doutoramento : UFR/SDS Université Ouagadougou : 98 p.
- **Vandendriessche, F., Lecompte, D., De Hert, M., Hulselmans, J., Mertens, C., Peuskens, J., ... & Wampers, M.** (2010). O papel dos factores ambientais no desenvolvimento da psicose esquizofrénica. *Neurone, 15*(10), 8.
- **Vincent, D.** (2017) Cannabis: ingrediente ativo.
- **Yann Botrel.** (2021). Alucinogénios: efeitos, consequências, drogas. Vol 155
- **Zaccara, G. Gangemi P, Perucca P, Specchio L. (**2011). O perfil de eventos adversos da pregabalina: uma revisão sistemática e meta-análise de ensaios clínicos randomizados. Epilepsia.Vol52, P 26-36.

Lista de sítios Web

1. https://hajar-ben.wixsite.com/prof-avec-classe/blank-mj622
2. **Auxiliar de toxicodependência.** (2022):https://www.addictaide.fr/autres-drogues/les-complications-de-la-mdma
3. **HEROÍNA** (2022) https://www.docteurclic.com/encyclopedie/heroine.aspx.
4. **EMCDDA**, 2009: https://www.emcdda.europa.eu/polytoxicomanie-.
5. "LYRICA (pregabalina)", Alta Autoridade de San t https://www.hsante.fr/jcms/c_538415/fr/lyrica-pregabaline
6. Manulife (2014) https://www.manuvie.ca/particuliers/planifier-et-apprendre/sante-mentale/problemes-de-sante-mentale/toxicomanie.html
7. Neuraxpharm 2021. https://www.neuraxpharm.com/fr/troubles/usagesubstances?
8. https://sante.lefigaro.fr/medicaments/3651330-lyrica- 300mg-gelule

FSC
www.fsc.org
MIX
Papier aus verantwortungsvollen Quellen
Paper from responsible sources
FSC® C105338

Printed by Books on Demand GmbH, Norderstedt / Germany